修炼当下的快乐

XIU LIAN DANG XIA DE KUAI LE

唐晓龙◎著

人民出版社

图书在版编目(CIP)数据

修炼当下的快乐/唐晓龙著.—北京：人民出版社，2010.2

(健康成功学系列；5)

ISBN 978-7-01-008486-2

I.修… II.唐… III.成功心理学–通俗读物 IV.B848.4–49

中国版本图书馆CIP数据核字（2009）第211497号

修炼当下的快乐

作　　　者：唐晓龙

责 任 编 辑：于宏雷

发　　　行：人民出版社

地　　　址：北京朝阳门内大街166号

邮　　　编：100706

经　　　销：全国新华书店

印　　　刷：北京市凯鑫彩色印刷有限公司

开　　　本：710毫米×1000毫米　1/16

印　　　张：15

版　　　次：2010年1月第1版

印　　　次：2010年2月第2次印刷

书　　　号：ISBN 978-7-01-008486-2

定　　　价：28.00元

何以修炼当下的快乐

前些日子有位朋友的母亲病了，他是个大孝子，所以紧跟着他也进入病态。他经常在我面前长吁短叹，几乎痛不欲生，工作也无法进入了状态，很是颓废。按理说，有此等孝子在当下这个社会是一大幸事，但我告诉他：不可如此。你痛苦，母亲已经病了；你快乐，母亲也是这样了，何不选择快乐呢？你要以乐观的精神状态来感染病痛中的母亲，让你浓浓的亲情里增加点欢乐的磁场，说不定还歪打正着有助母亲的康复呢。现实生活中往往有很多好人总愿与人同悲，其实这是好心办孬事，不仅无助于克服困难和解决当下的问题，反而还会帮倒忙。要知道人在悲愤时会产生一种毒素，对身体健康细胞的杀伤力非常大，而在快乐时会分泌出一种美丽荷尔蒙，它会让皮肤变得细腻发亮，更是不可多得的健康元素。君不见，天下的美女无不笑颜如花？一个乐观的人就像一个快乐的磁场，无论走到哪里都温暖如阳光。一个组织里有了这样的人，这个组织也一定会充满生机和活力。

有一位美女谈了个仪表堂堂且毕业于知名高等学府的男朋友，让身边的闺蜜们都艳羡不已，可这位美女一点都不开心。何以如此呢？原来她的男友自恃才高，无法与其他人合作共事，无论走到哪里，都待不上两个月就会被辞退。他整天无所事事，不是喝酒、打麻将就是泡网吧，一副怀才不遇、游戏人生的样子。和女友在一块儿的时候总是大倒苦水，痛恨自己怀才不遇，大骂社会不公……无奈之下，该美女只好向我求援。我给她开一秘方："你先问他还想不想活了，若不想活了就无须管了；若想活，你就告诉他痛苦也要活到明天，快乐也要活到明天，想活就乐观豁达地活着。只有快乐了身心才会健康，身心健康了生活才有希望。豁达了，人生的天地才会宽广，好运才会青睐你，机会才会来找你。工作的压力那叫压力吗？男子汉大丈夫当须顶天立地，何惧那寒暑风雨？不要整天像个丧门星的唉声叹气。"没想到这副"猛药"还真让这位浪子回了头，走了正路。

最近，我们公司刚走了一位永远将自己生存状态的改变寄托在下一份好工作上的这样一个人。这个人呢，小有才气。可是，若说有才气，他的处境应该不会是眼下的这种状态：都已经三十六岁的人了，还没有找到女友，住在郊区廉价的出租屋里，没有电话和网络，每天上下班要来回奔波近五个小时，两年时间内曾六次跳槽，后来的四次工作，每次几乎都没有稳定过两个月就离开了。按说，这样的人公司就不应该留，但总编出于好心，再加上惜才就留下了他，希望能终止这个迷途灵魂的流浪。刚开始，他干工作很认真，而且经常独自加班加点。遇到这样的"好员工"，我们大家当然都很感动。于是，我就和总编带他出入一些重要的社交场合，希望能够改变他的生存状态。可是事隔不久，他就开始不交"作业"了，一会儿推托网络有问题，一会儿又说电脑出了毛病。对此，我们也没有在意，直到国庆放假的前一天，不见人了。总编接到一个电话："9月份的工资我不要了，这两个月的工作成果我自己有权处理。"总编说了一句："你怎么能这样做呢？"他的回

答差点没让人背过气去。"我从来没出入过那么高档的场所，是抱着感谢之情才给你们通知一声的。"还没等总编说话，他就挂断了电话。原来，他9月份在我们公司只能领到5000元的工资，而他的工作成果拿到别处可以卖到8000元，仅仅3000元的差价就让他又一次背叛了自己的灵魂，他全不计这些都是公司的知识产权。所谓他的劳动成果，也都是在总编还有数人的指导下完成的作品。又是两个月，而且这一次还是剽窃成果的背叛。痴人哪！别以为下一份工作会更好，别以为小聪明总能胜算。活在当下，把握好眼下的快乐才能胜算一生啊！

以上发生在我身边的三个不同案例，只是不快乐众生百态里的冰山一角。现实生活中很多人不是活在昨天的痛苦之中，就是活在对明日的幻想里，而没有活在实实在在的当下；总是对幸福的期望值很高，而感知和把握幸福的能力却了了。其实，活在当下、把握好眼前的快乐与幸福是一种能力，要想拥有这种能力必须去修炼。

当下的人们都有这样一种感觉：随着物质生活越来越丰富，快乐与幸福感却与我们渐去渐远，曾几何时那种企盼着过大年、吃好吃的东西、穿新衣、看大戏的喜悦早已淡出了我们的感官。取而代之的是对物欲的疯狂追逐，无论最后结果是失去还是得到，最终收获的都是一种莫名的失落感。何以如此呢？那是因为物质的极度发达把人们的欲望调得越来越高，乃至失去了平衡。为了满足不断膨胀的欲望，人们总是马不停蹄地追寻下一个目标，迈着匆忙的脚步前行，而忘却了灵魂是否跟得上。欲望本来是为人类的繁衍生息服务的，正因为有了欲望的存在，人类才不断地探寻未知的世界，从南极穿到北极、从地下飞到天上、从蛮荒时代走向富裕发达的今天。而今，过度膨胀的欲望绑架了我们的灵魂，让我们失去了生命的原动力，同时也失去了生命的本真。生命的本真应该是：追忆昨日的美好记忆，乐在其中；活在实实在在的当下，感知幸福；憧憬美好的未来，乐知天命。绝不是本末倒置，让灵魂变成欲望的奴隶，让生命成为追逐物欲的躯壳，让我们失去感知幸福的能力。人类对物质富足本能的追逐是为了能够生活得更快乐和幸福，如若本末倒置那就有点得不偿失了。

要想成佛，需要面壁十年的修炼，修去尘心修来佛心；修去愚钝修来慧根；修去贪嗔痴修来美善真。要想拥有一个成功美丽的人生，更需要去修炼。本书将帮助你练就把握当下的快乐及感知幸福的能力，从而提高驾驭欲望的能力，为打造高质量的人生服务，而不是被其剥夺了生命的本真。修炼当下的快乐就是让你学会举手之劳；牵手成功人生；让你放弃抱怨，成为一个阳光般心态的人；让你在感恩的世界里快乐自己，幸福他人；让你拥有健康的身体、良好的心态和泉涌的智慧，从而时时、处处能够把握成功的脉搏。

快乐与幸福不属于有钱人，也不属于有权人，它属于有心人。快乐与幸福，每个人其实都可以做到。明星有明星的光辉，榜样有榜样的风采，而你我也有属于自己的精彩。让我们能够同在一片蓝天下，不必让自己的眼神永远停留在别人的光环上，而是轻松愉悦地与自己的美丽精彩握手！

唐晓龙

2009年10月

目录

第一章　快乐从心开始

- 不快乐是因为心态出了问题 ◆ 3
- 心态影响生理健康 ◆ 6
- 心态左右职场前途 ◆ 10
- 咸有咸的味，淡有淡的味 ◆ 14
- 事情本身是中性的 ◆ 17
- 是好是坏还不一定呢 ◆ 21
- 向屎壳郎学习 ◆ 25
- 站在烦恼里仰望幸福 ◆ 28
- 幸福是一种感觉 ◆ 30

第二章　爱是快乐的源泉

- 生命需要爱 ◆ 35
- 心中有爱才能爱人与被爱 ◆ 38
- 感恩地爱着 ◆ 42
- 真爱面前无输赢 ◆ 45
- 宽恕就是爱 ◆ 47
- 善待身边的人 ◆ 51
- 对陌生人表达出善意 ◆ 54
- 修炼自己的心灵品级 ◆ 57

第三章 拿起就是幸福，放下就是快乐

- 重拾亲情 ◆ 63
- 不要让友情在匆忙的生活中溜走 ◆ 67
- 拿起自己做事的兴趣 ◆ 71
- 总是追缅过去，会对不起未来 ◆ 74
- 欲望向左，快乐向右 ◆ 77
- 不要为小事耿耿于怀 ◆ 81
- 该淡忘的就应淡忘 ◆ 85
- 生活中92%的烦恼是自己寻来的 ◆ 89
- 拿得起放得下，才是精进的人生 ◆ 93

第四章 知足才能常乐

- 认识自己的宝藏，打开快乐之门 ◆ 99
- 什么是真正的富有 ◆ 103
- 对自己已经拥有的感到满意 ◆ 106
- 偶尔向下比较一下又何妨 ◆ 110
- 别从窗口去看别人的生活 ◆ 112
- 有事做就是最大的快乐 ◆ 115
- 修炼当下的力量 ◆ 119
- 学会享受生活的瞬间 ◆ 123
- 简单的生活就是快乐 ◆ 126

第五章　生活再苦也要笑一笑

❤ 人生在世，笑对酸甜苦辣 ◆ 131
❤ 压力太大时不妨逃走一会儿 ◆ 135
❤ 自助者才会天助 ◆ 139
❤ 与其纠缠于风雨，不如忘怀于风雨 ◆ 143
❤ 有时逆境也是一种机遇 ◆ 147
❤ 逆境中更要坚定信念 ◆ 152
❤ 磨难是一笔宝贵的财富 ◆ 155
❤ 再给自己一次机会 ◆ 159
❤ 让心快乐起来 ◆ 162

第六章　小方法帮你修炼快乐

❤ 遇到坏事时，提醒自己"转念一想" ◆ 167
❤ 面带微笑，它能招来幸运女神 ◆ 171
❤ 和大自然亲密接触 ◆ 175
❤ 幽默是最有效的精神按摩方式 ◆ 180
❤ 打坐，帮你进入禅定状态 ◆ 184
❤ 学会欣赏路边的美景 ◆ 188
❤ 让爱好为你带来快乐 ◆ 191
❤ 学会为快乐留出时间 ◆ 195

第七章 乐在生活，享受人生

快乐的兰花 ◆ 201

善待自己的心灵 ◆ 203

鲜花总比垃圾多 ◆ 207

养成积极思考的心态 ◆ 212

善于发现生活中的美 ◆ 216

看淡生活的不平事 ◆ 219

快乐成就精彩人生 223

第一章

|快乐从心开始|

为什么我们的生活水平在提高，满意感却在下降？拥有的财富越来越多，快乐却越来越少？其实，一个人快乐不快乐，在本质上和财富、地位、权力没有必然的关系，快乐并非来自外在环境，更不是由天生的性格所决定，而是在你心里。心可以造天堂，也可以造地狱。

不快乐是因为心态出了问题

> 我们的生活水平在提高，但是满意感却在下降；我们拥有的财富越来越多，快乐却越来越少。

在现代生活中，恐怕我们每一个人都有这样的感受：我们的生活水平在提高，但是满意感却在下降；我们拥有的财富越来越多，快乐却越来越少；我们沟通的工具越来越多，深入的交流却越来越少；我们认识的人越来越多，真诚的朋友却越来越少；精美的房子越来越多，破碎的家庭也越来越多；道路越来越宽，我们的视野却越来越窄；楼房越来越高，我们的心胸却越来越窄；我们渴望了解外星人，却对身边的人视若无睹；我们的药物种类在增加，健康水平却在下降；我们的整体收入在增加，道德水平却在下降。

过去去饭店吃饭叫"下馆子"，是十分奢侈的活动，现在人们经常"下馆子"，倒是希望能在家里无人打扰地吃碗面条或者喝碗粥吃点咸菜。现在的人是"拿起筷子吃肉，放下筷子骂娘"。人们都在怀念过去的那个时代，当时家里穷得叮当响，但是心情特别好。现在家里啥都有，该响的都响，就是心情不爽。我是在农村长大的，小时候经常玩"弹玻璃球"，地面坑坑洼洼，球总是打转。我的一个小学同学跟我说，那时他最大的心愿是能找到一块平整的水泥地面玩"弹玻璃球"。现在发现到处都是可以玩的地方，想吃啥吃啥，想玩啥玩啥，却没有那种玩的兴奋的心情了。

身在福中不知福，我们到底是哪里出问题了？是我们的心态出了问题。

好花要有好心赏，好心情才能欣赏好风光。如果自己的心态不好，看再美丽的风景也会觉得索然无味。我经常说这样一句话："身若在泥潭，心也在泥潭，眼里就只有泥潭；身若在泥潭，心却在苍穹，眼里就是摇扶九万里的长空。"良好的心态像太阳，照到哪里哪里亮；消极的心态像月亮，初一十五不一样。有什么样的心态就有什么样的生活，内心快乐命运也将充满快乐，内心愁苦命运也将愁苦，心态决定命运。

中国古代有这样一个经典案例：

古时候有甲、乙两个秀才去赶考，路上遇到一口棺材。甲说，真倒霉，碰上了棺材，这次考试死定了。乙说，棺材，升官发财，看来我的运气来了，这次一定能考上。当他们答题的时候，两个人的努力和认真程度就不一样，结果甲落榜了乙考上了。回家以后他们都跟自己的夫人说，那口棺材可真灵啊。

本来是同样的事情，不同的人持不同的心态，从而对之付出不同的努力，进而影响到了各自的前途和命

运。可见，心态的影响是如此之大！

成功学大师戴尔·卡耐基曾在他的书中说过这样一件事：

几年前，我在电台接受访问时回答过这样一个问题："你一生中学到的最大教训是什么？"

那很容易回答，至今我所学到的最大教训是——人的思想的重要性。如果我了解你的思想，我当然就了解你这个人，我们的思想造就了我们每个人。我们的态度决定我们的命运，爱默生说："人是他自己思想的产物。"人也不可能变成别的，不是吗？

马卡斯·奥勒留，不但是统治罗马的皇帝，也是一位伟大的哲学家，他用了一句话作为总结："思想决定一生。"想到的是失败，我们就注定要失败；想着自怜，人人都避之唯恐不及；想着成功，你就会成功。

心态影响人的能力，能力影响人的命运。生命的质量取决于你每天的心态，如果你能保证眼下心情好，你就能保证今天一天心情好；如果你能保证每天心情好，你就会获得很好的生命质量，体验别人体验不到的快乐生活。

心态影响生理健康

心态会影响你的生理健康。中医说：喜伤心，怒伤肝，思伤脾，恐伤肾。

心理状况对我们的生理健康有着不可估量的影响力。英国著名心理学家海菲德在他的书中说："我请来三个人，请他们测试心理对生理的影响，我们用测力计来测量。"他请他们全力握住测力计，并给他们三种不同的状况。

在正常的清醒状况下，他们平均抓力为101磅。

当他们被催眠，并告诉他们都很衰弱时，就只有29磅的抓力——只有正常体力的1/3（三人中有一个是拳击冠军，当他被催眠并被告知他很衰弱后，他觉得自己的手臂很瘦小，像婴儿的一样）。

第三次测试时，告诉他们，他们在催眠中都非常强壮，平均抓力可达142磅。当人们心中充满积极有力的思想时，每个人都可以提升将近50%的体力。

这就是心理态度不可忽视的力量。

美国著名家庭经济学家海伦·科特雷克研究发现，负性情绪影响体内营养素的吸收利用。

第一章 快乐从心开始

科特雷克认为，经常在紧张情绪状态下生活的人，心跳加快，血流加速。这种加大负荷的运行，必须消耗大量的氧和营养素。

而且，处于紧张状态下的人体器官，特别是全身肌肉，在消耗比平时多出1～2倍营养素和氧的同时，又会产生比平时多得多的废物。要排除这些废物，内脏器官得加紧工作，又必须消耗氧和营养素，从而造成恶性循环。

《情绪的力量》的作者曾记述了自己的一段亲身经历。

前不久，我刚好和两位女士去芝加哥的百货商店采购圣诞节用的物品。她们是一对双胞胎姐妹。

姐姐将久病卧床的丈夫单独留在了家里，她还有个儿子正在远东参战。妹妹的生活则平静如水。

做姐姐的了解享受的艺术，换句话说，她知道怎么能够让情绪变得积极一些，使情感能够平衡。她让每一天都过得充实快乐。

当我们进入百货商场时，她会满心欢喜地环顾那些节日装饰品，嘴里还不停地嚷嚷着："我最喜欢在圣诞节的时候逛商店了，一想到购物，我就非常兴奋。"

当我们走到一个艺术品柜台前时，她就会开心地手舞足蹈。

"呀，这里的商品真是琳琅满目，我在这里可以买到比罗马帝国拥有的更好的东西呢。"

"哇，查尔斯看到这些东西会不会开心呢？为什么

只有一个适合他呢？"

我们在百货商场的餐厅里吃了午餐。进门的时候，她就说："我特别喜欢在这里吃东西，这儿实惠又经济，味道也不错。"整顿饭她吃得津津有味，出门时还给了服务小姐小费。

而她的妹妹，除了自己固有的习惯外，却不知该如何显示自己了。

在我们进入商场的时候，她高傲地环顾四周，"瞧瞧那些人，我可真讨厌圣诞节的时候来购物。"

当我们来到某个柜台前，她又会说："这里的东西太多了，你都不知道该选哪个好，简直令人眼花缭乱。我去年买给查理的礼物他一点儿也不喜欢，我知道他肯定也不会喜欢这个的。看看价格，贵得要死。"

在商场的餐厅吃饭时，她对什么都不满意，每当饭菜端到她面前的时候，她都会向服务生抱怨。最终她终于爆发，只是因为服务生站在她的面前使她无法进餐。她还和经理当众吵了起来，好像这件事永远也不会终结一样。她毁掉了自己的午餐，要是我们对她没有了解的话，她还会毁了我和她姐姐的午餐。

第二天，快乐的姐姐依然洋溢着欢乐，精神饱满地开始准备她的日常工作。而那位自寻烦恼的妹妹却病了，她得了周期性偏头痛。这一点，我早就料到了。她还愤愤不平地抱怨："到底为什么我会头疼呢？哎哟，哎哟，难受死我了。"

像上文中的妹妹这样典型的悲观主义者，具有负面

情绪习惯的女人，在55岁前后，总会得情绪诱发病（因负面情绪而引起的生理疾病）。一旦被疾病困扰了，她就只能在这样的病痛中度过余生。负面情绪使你向下，使你忧愁、悲观、失望、萎靡不振、烦躁不安、伤心、焦急、愤怒、内疚，会导致颓废、心神不宁、反应迟钝、效率低，会感染群体的情绪，导致人际关系紧张。

与她完全不同的另一种类型的女人，像她姐姐那样的也到处都有。你常会在大街小巷中见到这样的一个女人，她的衣着也许很普通，相貌也一般，但脸上总带着那么真实诚恳的微笑，流露着愉快的眼神。她们始终生活在正面情绪中。

健康积极的情绪有利于身体健康，低落消极的情绪会给身体带来危害。

积极良好的情绪，能保持人的精神与躯体的健康，短暂的消极情绪虽不会对健康造成不利影响，但长期消极和不愉快的情绪，将会对人的健康带来损伤，严重的甚至会引起疾病。

但愿我们都能把自己的心态朝积极的方向去引导。

心态左右职场前途

众所周知，除了少数天才，大多数人的禀赋相差无几。那么，是什么在造就我们、改变我们？是"态度"！

每个人都有不同的工作轨迹，有的人成为公司里的核心员工，受到老板的器重；有的人一直碌碌无为；有些人牢骚满腹，总认为与众不同，而到头来仍一无是处……众所周知，除了少数天才，大多数人的禀赋相差无几。那么，是什么在造就我们、改变我们？是"态度"！态度是内心的一种潜在意志，是个人的能力、意愿、想法、感情、价值观等，在工作中所体现出来的外在表现。

在企业之中，我们可以看到形形色色的人。每个人都有自己的工作态度。有的勤勉进取；有的悠闲自在；有的得过且过。工作态度决定工作成绩。我们不能保证你具有了某种态度就一定能成功，但是成功的人们都有着一些相同的态度。

企业中普遍存在着三种人。

第一种人：得过且过。

李莉的口头禅是："那么拼命为什么？大家不拿同样一份薪水吗？"

李莉从来都是按时上下班，从不行差踏错；职责之外的事情一概不理，分外之事更不会主动去做。不求有功，但求无过。

一遇挫折，她最擅长的就是自我安慰："反正晋升上去是少数人的事，大多数人还不是像我一样原地踏步，这样有什么不好？"

第二种人：牢骚满腹。

王辉永远悲观失望，他似乎总是在抱怨他人与环境，认为自己所有的不如意，都是由于环境造成的。

他常常自我设限，让自己本身无限的潜能无法发挥。他其实也是一个有着优秀潜质的人，然而，却整天生活在负面情绪当中，完全享受不到工作的种种乐趣。

他总是牢骚满腹，这种消极情绪会不知不觉传染给其他人。

第三种人：积极进取。

在公司里经常可以看到张晨忙碌的身影，他热情地和同事们打着招呼，精神抖擞，积极乐观，永争第一。

张晨总是积极地寻求解决问题的办法，即使是在项目遭遇挫折的情况下也是如此。因此，他总能让希望之火重新点燃。

同事们都喜欢和他接触，他虽然整天忙忙碌碌，但却始终生活在正面情绪当中，时刻享受工作的乐趣。

一年后，李莉仍然做着她的秘书工作，上司对她的评价始终不好不坏。一年一度的大学生应聘潮又开始

了，上司开始关注起相关的简历来，也许，新鲜的血液很快就会补充进来。

在公司里人们已经很久没有见到王辉，去年经济不景气，公司裁员，部门经理首先就想到了他。经济环境不好，公司更需要增建业绩，团结一致，王辉却除了发牢骚，还是发牢骚。第一轮裁员刚刚开始，王辉就接到了解聘信……

而张晨还是那么积极进取，忙碌的身影依然随处可见，他已经从销售员的办公区搬走，这一年，被提升为销售经理，新的挑战还刚刚开始。

在公司，员工与员工之间在竞争智慧和能力的同时，也在竞争态度。一个人的态度直接决定了他的行为，决定了他对待工作是尽心尽力还是敷衍了事，是安于现状还是积极进取。态度越积极，决心越大，对工作投入的心血也越多，从工作中所获得的回报也就相应地越多。

李莉、王辉、张晨三人，一个面临失业的危险，一个已经被解聘，一个得到晋升。这并不是说得到晋升的张晨比李莉、王辉在智力上更优越，而是工作态度的缘故。尤其是一些技术含量不高的职位，大多数人都可以胜任，能为自己的工作表现增加砝码的也就只有态度了。这时，态度成为你区别于其他人，使自己更加突出的一种能力。

当今工作态度已成为决定员工价值的重要因素。台湾飞利浦人力资源中心副总经理林南宏曾指出："现在专业知识很容易就可以学到，甚至在网络上就可以了

解制造核弹的方法，态度已经成为决定员工价值的关键。"然而，有很多白领上班族不愿意改变心态，让自己空有学历、能力的优势，放弃快乐心态的金钥匙，在职场里浮沉，甚至沦为失业大军中的一员。

这个世界只为一种人大开绿灯，那就是真正具有使命感、自信心，能够享受快乐的人。态度就是竞争力，积极的工作态度始终是你脱颖而出的砝码，拥有它，你将在竞争激烈的职场走得更远更顺利。

咸有咸的味，淡有淡的味

> 咸有咸的味，淡有淡的味，不论是咸是淡，都能从中得到快乐，这样的心境，就是悟道者的心境。

有一首歌曲大家可能都很熟悉——《送别》："长亭外，古道边，芳草碧连天。晚风拂柳笛声残，夕阳山外山。"这首歌曲是弘一大师李叔同经久不衰的经典之作。近年来热播的电影《一轮明月》，展示的就是弘一大师的传奇一生。电影中有这样一个情节：

弘一大师有一个很好的朋友，是著名的教育家，叫夏丏尊。

有一天，夏先生来拜访弘一大师。当他看到弘一大师吃饭时，只有一小碟咸菜，心中不忍，就问："这是不是太咸了？"

弘一大师回答说："咸有咸的味道。"

吃完饭后，弘一大师倒了一杯白开水在喝。

夏先生又问他："这是不是太淡了？"

弘一大师微微一笑，说："淡有淡的味道啊。"

当时，夏先生听了，非常感动。

咸有咸的味，淡有淡的味，不论是咸是淡，都能从中得到快乐，这样的心境，就是悟道者的心境。

冷暖有冷暖的温度，咸淡有咸淡的味道，贫富也有贫富的滋味。

现在我们处在一个物质财富极度丰富的时代，很多人通过奋斗，成为了千万富翁，亿万富豪。在国际上有福布斯富豪排行榜；在华人圈有胡润富豪排行榜。这些排行榜成了大家所关注的对象。

然而，是不是物质财富的拥有程度，就一定和心灵的快乐成正比呢？

当然不是，不然很多住着大房子、开着好车的人，为什么闷闷不乐呢？为什么还在寻找快乐呢？

领导力培训大师刘剑给我讲过这样一个案例：

有一位企业家，为了让儿子体会到贫穷生活的艰辛，就带儿子到农村去体验生活。他们到了一个偏远的小山村，找了一户看起来很穷的人家，住了三天三夜。

回来后，富豪想这下可让儿子体会到贫穷的滋味了，就问儿子："怎么样，谈谈这一次的感受吧。"

儿子很高兴地说："我觉得那一户人家的生活实在是太棒了！"

父亲一听就糊涂了，心想这是咋回事啊？

只听得儿子眉飞色舞地讲："通过这次体验，我发现他们家要比咱们家富有得多。你看，咱家只能养一条狗，还要有养狗证；他们家可以养一窝狗，没人管。咱家只有一个小游泳池；可他们家的前面却是一条河，向东望不到头，向西望不到尾。咱们家的花园里只有几盏灯；可他们家每天晚上都有满天的星星！"

听完儿子的话后，父亲就不吭声了。这时候，儿子摇着父亲的手，说："老爸，我现在才知道原来咱们家是这么穷！我看你也别当什么董事长了，干脆到乡下去当一个快快活活的农民去吧！"

虽然孩子还并不懂得生活的酸甜苦辣，但是就快乐的感受而言，父亲眼中的快乐和孩子认为的快乐显然不同。每个人对生活的感受都是不一样的，每个人对幸福和快乐的定义也都是不同的，不要总是用别人的标准来要求自己。

对生活，重要的是要有体验。冷与暖、咸与淡、贫与富，各人有各人的感受。只要你感到快乐，你就是快乐的；只要你感到富有，你就是富有的。

在我们的生活中，不同的家庭有不同的活法，究竟哪种活法好？让大家评判，恐怕也是见仁见智，一人一种说法。

不管怎样的生活方式，重要的是要量体裁衣，别勉强自己。就像穿衣服，别人穿着好看的衣服不一定适合你，没必要非把别人的衣服拿来套在自己的身上。也不要见别人发了财就眼红，见人家丢了东西就幸灾乐祸，这样的活法实在太累了。过好自己的生活最重要。

事情本身是中性的

事情没大小，事情没好坏，事情没对错，事情没悲喜。是人给事情定义了大小、对错、好坏、悲喜。

事情本身就是事情，事情并不等于坏事情、好事情，不等于大事情、小事情。事情没大小，事情没好坏，事情没对错，事情没悲喜。是人给事情定义了大小、对错、好坏、悲喜。

事情就像一个硬币，硬币有正和反两个面，当你看到反面，而且抱怨怎么是反面的时候，翻转过来就看到正面了。在你得到一个硬币时，正面反面就已经存在了。找一个人做伴侣，在肯定他的优点的同时，也要接受他的缺点，在赏识他的优点的同时，也必须包容他的缺点。

障碍、打击、失败只是生活的一部分，它们成为问题只是因为我们的态度。

当事情没有按自己的意愿发展的时候，不要伤心，换个角度看事情。

有一个广为人知的寓言故事。

有这样一个老婆婆，她有两个女儿，大女儿是染布的，小女儿是卖伞的。老婆婆下雨天担心染布的大女儿的布晒不干，晴天时又怕卖雨伞的小女儿没有买卖。就这样她日复一日，年复一年的发愁，哭泣，把眼睛都哭瞎了。一天，来了一位智者，他对老婆婆说："您为什么不反过来想呢？下雨天你卖雨伞的小女儿生意一定很好；晴天时，你染布的大女儿的生意应该不错，你的女儿天天都有发财的，你应该天天高兴才对呀！"老人家豁然开朗，病也慢慢好了。

事情并没有改变，还是同样的一件事，可是因为我们转变了思维方式，改变了看事物的角度，就得出了完全不同的结论。

有两种不同的理论：半山腰理论和山顶理论，它们可以帮助我们培养思维的多样性。

半山腰理论：如果你还没有到达山顶，我对你表示热烈的祝贺，因为你还有继续上升的愿望和动力，这时你不会空虚。因为没有达到最好，所以还要努力。如果你在半山腰处，因为没有达到最高的顶点，所以你一直在上升。因为还没有到顶，所以还有希望，希望是前进的动力。

山顶理论：如果你已经到了顶点，我向你表示热烈的祝贺，因为你的努力得到了回报，你实现了自己的目标。但保留在这个状态就很难了，如果不设置更高的目标，就会走下坡路了。给自己设置新目标，否则你会觉得空虚。

带着中庸的观念看事情，事情就会变得平淡，人也就会获得平和的心态。

在生活中，我们无法避免地会碰到很多不如意的事情，其实，那也无妨，有时只需要给思维转个身，我们就会快乐一些。

几只狐狸同时走到葡萄架下，却无法吃到葡萄。

第一只自我安慰说葡萄是酸的，自己不想吃，走了。

第二只不断地使劲往上蹦，不抓到葡萄誓不罢休，最终耗尽体力累死在葡萄架下。

第三只狐狸吃不到葡萄便破口大骂，抱怨人们为什么把葡萄架得这么高，不料被农夫听到，被一锄头打死在地。

第四只因生气抑郁而死。

第五只犯了疯病，整天口中念念有词："吃葡萄不吐葡萄皮……"

想想，哪只狐狸更聪明一些？

当事情已成定局难以挽回的时候，我们不妨做一只聪明的狐狸，主动调整自己的心态。

心理学家认为，人的好恶和自我评价来自于价值选择，当消极的情绪困扰你的时候，改变你原来的价值观，学会从相反的方向思考问题，这样就会使你的心理和情绪发生良性变化，从而得出完全相反的结论。这种运用心理调节的过程，称之为反向心理调节法，它常常

能使人战胜沮丧，从不良情绪中解脱出来。

很多情况下，人们的痛苦与快乐，并不是由客观环境的优劣决定的，而是由自己的心态、情绪决定的。遇到同一件事，有人感到痛苦，有人却感到快乐，心态不同的人会得出不同的结论。

在烦恼的时候，与其在那里唉声叹气，惶惶不安，不如拿起心理调节武器，从相反方向思考问题，使情绪由阴转晴，摆脱烦恼。

是好是坏还不一定呢

从大尺度的时间来看，任何事情是好是坏还不知道呢。所以，遇到事情时，不要单单从某一时刻来看问题，要学会将眼光放得远一些。如果这样想，人就会变得洒脱、平淡一些。

我们都听过"塞翁失马，焉知非福"的成语故事。

在古老的东方，有位老人叫塞翁。塞翁养了许多马，一天，他的一匹马丢了。邻居说，你真倒霉，塞翁回答，是好是坏还不知道呢。不久丢失的马领着一匹野马回来了，邻居说，你太幸运了，多了一匹马。塞翁回答，是好是坏还不知道呢。塞翁的儿子有一次骑马，从马上摔下来，把腿摔断了，邻居说，你真倒霉，就这么一个儿子，腿还摔断了。塞翁回答，是好是坏还不知道呢。过一段时间，皇帝征兵，很多年轻人都在战场上被打死了，塞翁的儿子由于腿断了不能打仗，未被征兵反而活了下来。

从大尺度的时间来看，任何事情是好是坏还不知道呢。所以，遇到事情时，不要单单从某一时刻来看问题，要学会将眼光放得远一些。如果这样想，人就会变得洒脱、平淡一些。

很多事情的发展是无法预测的，好事可能变坏事，坏事也可能变好事。

南京大学有两个女同学A和B，她俩是好朋友，大学毕业后留校当老师，很幸运每个人都生了两个儿子。A的两个儿子很争气，都考到美国留学了，B的两个儿子就一般了，全都干了"的哥"。你们说她们俩谁更快乐？人们都羡慕A，说你真是命好，两个儿子都考到美国留学了。但遗憾的是，A并没有感到很开心，反而B日子过得非常开心。B的两个儿子每逢节假日就开车看自己的母亲，接母亲出去玩儿，大事小事都照顾得很好。A非常羡慕B。也许你说，不要紧，A移民到美国就行了，就能享受天伦之乐了。这是好事还是坏事呢？也不一定啊，你把一棵老树移植到另外一个地方，它很难活下去，它失去了适合自己的生态环境。A适应了南京的生态环境，到美国后却可能会水土不服，语言不通，没有朋友。所以说任何事情是好是坏还不一定呢！

一件事情的发展总是很难在我们的掌控之中，既然我们改变不了事情，就要改变对事情的态度。

同样是半杯水，积极的人说是半满的，而消极的人说是半空的。积极的人看到的是已经拥有的，而消极的人看到的是已经失去的。心态不同，所拥有的世界就不

同。

失明了的弥尔顿（John Milton）在300年前就发现了同样的真理：

心灵，是它自己的殿堂，
它可成为地狱中的天堂，
也可成为天堂中的地狱。

拿破仑和海伦·凯勒都是弥尔顿这句话的最佳诠释者。集荣耀、权力、富贵于一身的拿破仑曾说道："在我的生命中，找不到六天快乐的日子。"反而既聋又哑又盲的海伦·凯勒却说："我发现人生是如此美妙！"

快乐是自己给的，你不能寄希望于向别人索取。能否拥有快乐生活关键在于你选择什么样的心态，是积极挑战生活，还是消极抱怨生活？

我们把生活比作一席大餐，酸甜苦辣各种味道俱全，吃什么由你自己选择，没有人强行往你的嘴里塞东西。选择什么你就得到什么，选择积极得到开心，选择倒霉得到糟糕，选择什么样的态度就得到什么样的结果。如果你寻找快乐，你就会寻找快乐的地方。如果你寻找痛苦，你就会寻找痛苦的理由。一个消极的人，会从好事情中寻找不快乐。有什么样的态度，决定了你有什么样的人生。不以受害者自居，做自己的主人。

生活就是选择。选择开心你得到开心，选择痛苦你就得到痛苦，如果你说自己是个倒霉蛋，你会找到无数的事实证明你绝对是个倒霉蛋。如果你认为自己是幸运

的，你会找到足够的事实证明你就是幸运的所以说事情是好是坏还不一定呢，重要的是心态。

向屎壳郎学习

生活中原本没有痛苦，人比动物多的，只是计较得失的智慧，以及感受痛苦的智慧。人是有智慧的动物，人用智慧控制世界，却很难用智慧控制自己的情绪。

法国纪录片《微观世界》中，一个屎壳郎，推着一个粪球，在并不平坦的山路上奔走，路上有许多沙石和土块，然而它的速度并没有减慢。在路前方的不远处，一根植物的刺尖尖的，斜长在路面上，这根刺根部粗大，顶端尖锐，格外耀眼。屎壳郎偏偏朝这个方向推去，结果它推的那个粪球，一下子扎在了这个"巨刺"上。

然而，屎壳郎似乎并没有发现自己已经陷入困境。它正着推了一会儿，不见动静，它又倒着往前顶，仍不见功效，接着它推走了侧面的一些土块，试图从侧面使劲，但是粪球却依然深深扎在那里。

这时，它绕到了后面，轻轻一推，粪球从那根顽固的刺上脱身而出。

它赢了，没有胜利的欢呼，也没有冲出困境的长吁短叹，赢了之后的屎壳郎，就像刚才什么事也没有发生一样，它几乎没有做任何停留，就推着粪球匆匆地前进

了，只留下观众在那痴痴发呆。

生活中原本没有痛苦，人比动物多的，只是计较得失的智慧，以及感受痛苦的智慧。人是有智慧的动物，人用智慧控制世界，却很难用智慧控制自己的情绪。人的智慧往往用来感悟情感上的痛苦。

有一个女士长得很漂亮，经过漫长的选择和一个男士结婚了，没想到两年后她被丈夫抛弃了，更不幸的是孩子也夭折了。女士万念俱灰，准备自杀。正巧这时一位智者遇到了她。智者问她："姑娘，两年前你是啥样子？"女士的眼里泛起光彩，说："两年前我是单身贵族，一人吃饱全家不饿，我既没有先生的拖累，又没有孩子的烦恼，一个人过得很逍遥自在。现在就惨了，我既没有先生，也没孩子。"智者说："我看你和以前一样啊！两年前你没有先生，现在你也没有先生，两年前你没有孩子，现在你也没有孩子，你和两年前一样漂亮，有啥想不开的？完全可以从头再来。"智者的话让女士一下子醒悟了，是的，跟两年前不是一样的吗？从头开始吧。

一个人在情绪受到巨大冲击的情况下做到三点就没有过不去的：一是不自杀，二是不杀别人，三是精神保持完整。人类都有一种天性，那就是"趋利避害"，随着时间的流逝，我们会在主观上慢慢淡忘那些使自己痛苦的记忆。

人的一生中，有顺境有逆境，有光风霁月的时候，有风雨交加的日子，有春风得意的高潮，有凄风苦雨的

低谷。面对种种境况，用智慧的心境来对待，就会淡定从容，轻松自在。

苏东坡在沙湖道上游览时，突然遭遇到了阵雨，同行的人都狼狈不堪，而他却一点也没有放在心上。过了不久，天色渐渐放晴，东坡兴致大起，写了一首《定风波》来抒情言志：

莫听穿林打叶声，何妨吟啸且徐行？竹杖芒鞋轻胜马，谁怕？一蓑烟雨任平生。

料峭春风吹酒醒，山头斜照却相迎。回首向来萧瑟处，归去，也无风雨也无晴。

这首词生动地表达了苏东坡忘怀得失的人生态度。点睛之笔，在最后一句"也无风雨也无晴"。"风雨"，比喻穷困、失意、挫折等；"晴"，比喻通达、得意、顺畅等。

大多数人的心态容易受外在的环境所影响，成功时得意忘形，挫折时一蹶不振。这样一来，我们的心就随着悲喜得失起伏不定。在苏东坡看来，风雨阴晴，不过是过眼云烟。

人生在漫长的历史过程中，只不过是短短的一瞬。纠缠于阴晴圆缺之中，只会惹得"早生华发"。

所以，与其纠缠于风雨，还不如忘怀风雨。

我们固然无法选择生活的内容，但我们可以选择面对生活的方式，向屎克郎学习，以坚韧和智慧来对待生活，生活呈现给你的定将是精彩。

站在烦恼里仰望幸福

其实，每个人都是幸福的。只是，你的幸福，常常在别人眼里。

人生烦恼无数。

先贤说，把心静下来，什么也不去想，就没有烦恼了。先贤的话，像扔进水中的石头，芸芸众生在听得"咕咚"一声闷响之后，烦恼便又涟漪一般荡漾开来，而且层出不穷。

幸福总围绕在别人身边，烦恼总纠缠在自己心里。这是大多数人对幸福和烦恼的理解。差学生以为考了高分就可以没有烦恼，贫穷的人以为有了钱就可以得到幸福。结果是，有烦恼的依旧难消烦恼，不幸福的仍然难得幸福。

烦恼，永远是寻找幸福的人命中的劫数。

寻找幸福的人，有两类。

一类像在登山，他们以为人生最大的幸福在山顶，于是气喘吁吁、穷尽一生去攀登。最终却发现，他们永远登不到顶，看不到头。他们并不知道，幸福这座山，原本就没有顶、没有头。

另一类也像在登山，但他们并不刻意登到哪里。一路上走走停停，看看山岚、赏赏虹霓、吹吹清风，心灵在放松中得到某种满足。尽管不得大愉悦，然而，这些琐碎而细微的小自在，萦绕于心扉，一样芬芳身心、恬静自我。

人奋斗一辈子，如果最终能挣得个终日快乐，就已经实现了生命最大的价值。

有的人本来很幸福，看起来却很烦恼；有的人本来该烦恼，看起来却很幸福。

活得糊涂的人，容易幸福；活得清醒的人，容易烦恼。这是因为，清醒的人看得太真切，一较真儿，生活中便烦恼遍地；而糊涂的人，计较得少，虽然活得简单粗糙，却因此领略到了简单就是快乐的人生真谛。

所以，人生的烦恼是自找的。不是烦恼离不开你，而是你撒不下它。

这个世界，为什么烦恼的人都有。

为权，为钱，为名，为利……人人行色匆匆，背上背着沉重的行囊，装得越多，牵累也就越多。

几乎所有的人都在追逐着人生的幸福。然而，就像卞之琳《断章》所写的那样，我们常常看到的风景是：一个人总在仰望和羡慕着别人的幸福，一回头，却发现自己正被别人仰望和羡慕着。

其实，每个人都是幸福的。只是，你的幸福，常常在别人眼里。

幸福是一种感觉

坐在奔驰车里的人可能心里也会郁闷，骑着自行车的人可能心情舒畅。吃着鲍鱼的人可能有怨恨，吃着粗饭的人可能喜悦。

一个人幸福不幸福，在本质上和财富、地位、权力没有必然的关系。幸福由思想、心态决定，心可以造天堂，也可以造地狱。

我有一大学同学，算是事业有成，今年还买了新车，住的是三层的洋楼。在别人眼中，她是个幸福的女人。她却说房子大了，与老公的心离的更远了，有了车又怀念骑车上班时的快乐、清闲！"太累了！"是她常说的话。

也许是没有相同的经历，我不能懂她。可从她的眼睛里，我再也看不到当年的那个快乐的女孩。她说她不幸福。"幸福是什么？"我问她，她笑着说，倒是前几天生日时，前男友给她打了电话问候，让她回想到以前，她说那一刻她感觉到了久违了的快乐。其实快乐真的不能去看表面。

昨天上街。天气很热，我去买矿泉水，正赶上收破

烂的在收瓶子，看样子是两口子，有四十左右吧，破旧的三轮车上还坐着个小孩子，不说话我还真没看见，和一堆破烂坐在一起，也看不出来。孩子吵着要吃雪糕，男的要买，女的不让，说咱带的水呢。男的看看她没说话去买了两支，给孩子一支，给女人一支，自己过去拿了带的水大口地喝着，孩子和女人都甜甜地笑着，女人把雪糕递过去让他吃，他擦了把汗摇摇头，冲着她们笑着。我在那笑里竟看到了自豪，也看到那家三口的幸福，我就那么怔怔地看着，那一刻我也感觉到幸福和眼底的湿润。

心理学家关于幸福的标准的理解是：幸福与性别、年龄、财富无关。生活得快乐与否，完全取决于个人对人、事、物的看法，因此幸福是由思想造成的。坐在奔驰车里的人可能心里也会郁闷，骑着自行车的人可能心情舒畅。吃着鲍鱼的人可能有怨恨，吃着粗饭的人可能喜悦。民工劳作一天后下班了，一身的泥啊灰的，左手二锅头，右手花生米，给人一种尽享人生欢乐的样子。住在茅草屋里的人同住在摩天大厦里面的人苦恼和幸福是一样的，只是内容不同。只要一个人有了体验幸福的心态与能力，他就可以随时体验到幸福。

一位老人在回答一个身处困惑中的年轻人的提问时，说："我可以坦然地回答你我什么时候是最幸福的。我年幼的时候被父母抛弃，但在孤儿院里我却得到了无数的朋友，那时的我是最幸福的；我年轻的时候失去工作，却靠自己的力量开创出一番事业，那时的我是

最幸福的；现在的我失去青春，却拥有深爱我的妻子，因此，现在的我是最幸福的！

为什么老人能在人生的任何阶段都感到自己是最幸福的？那是因为他从来都不对已经失去的东西耿耿于怀，在他眼里，拥有的东西才是珍贵的，他有一颗感受幸福的心，于是也就拥有了幸福。

毕淑敏说："幸福并不与财富、地位、声望、婚姻同步，它只是你心灵的感觉。所以，当我们一无所有的时候，我们也能够说：我很幸福。因为我们还有健康的身体。当我们不再享有健康的时候，那些勇敢的人可以依然微笑着说：我很幸福。因为我还有一颗健康的心。甚至当我们连心都不再存在的时候，那些人类最优秀的分子依旧可以对宇宙大声说："我很幸福。因为我曾经生活过。"

张晓风说得更妙："我在"，意思是说我出席了，在生命的大教室里。

"树在。山在。大地在。岁月在。我在。你还要怎样更美好的世界？"

第二章

|爱是快乐的源泉|

有时，妈妈沏的一杯茶，朋友一句关切的问候，爱人一个简单的拥抱，陌生人一次小小的帮助，都会让我们幸福满溢。《圣经》说：爱一切人，永远相信美好。生活需要爱，爱就像生活的调味剂，只要把爱拌在生活中，生活便有了滋味。快乐不难，心中有爱就有快乐。

生命需要爱

人生最大的快乐莫过于拥有友情、爱情和亲情。人生最大的悲哀莫过于漠视情感，冷酷无情，人不怕身体的痛，怕的就是心里没有了疼痛，就像不能融化的冰。

爱就像生活的调味料，只要把爱拌在生活中，生活便有了滋味。

金钱是财富，珠宝是财富，而爱更是一笔无尽的财富。因为有了这笔财富，人生才温暖，才有了人情味。

生活需要友情，友情是什么？是朋友一句关切的问候，是朋友一个简单的动作，是朋友一个明了的眼神。在伤心时朋友的开导是一颗救心丸；在难受时朋友给你披上衣服好比吃了一颗糖果；在失败时朋友一个加油的眼神瞬间给了你无穷的信心。友情好比一个加油站，带给你无穷力量。

生活需要爱情，爱情是什么？爱情是梁山伯与祝英台化蝶不弃，是"泰坦尼克号"与冰山相撞时杰克把生的机会留给了罗丝。问世间情为何物，直教人生死相许。爱情好比一个大气球，气球内满是幸福的味道。

生活需要亲情，亲情是什么？是妈妈沏的一杯茶，

是爸爸一句关切的问候，是爷爷奶奶的厚爱。还记得《常回家看看》中的歌词：找点空闲，找点时间，领着孩子，常回家看看。亲情是生活中必不可少的，亲情好比一片紫色的海洋，香远益清，洋溢着幸福。

生活需要大爱，在2008年5月汶川大地震中，正是因为中国人民拥有大爱，老师能用自己的身体救学生，警察舍弃自己家人救别人……这种大爱好比玫瑰，香溢中国，感动世界。

去爱吧！在爱别人的同时，别人也会爱你，生活需要爱。

爱能孕育感动。那份感动来自于电视中的某个画面；来自于书籍中的某个哲理，某个故事，某句话语；来自于街头某个陌生人灿烂的笑；来自于老人的慈爱；来自于孩子的纯真。

圣经说，爱一切人，永远相信美好。

一个人，心中有爱，就不会寂寞。

我要感谢所有爱过我和我挚爱的人，是他们让我感受到了爱的滋味，因为有了爱，才有了付出，才有了彼此的牵挂，才有了博大的宽容。因为有了爱，尘世才会五彩缤纷。心中有爱，尘世即成天堂。

人生最大的快乐莫过于拥有友情、爱情和亲情。人生最大的悲哀莫过于漠视情感，冷酷无情，人不怕身体的痛，怕的就是心里没有了疼痛，就像不能融化的冰，让人感觉不到什么是温暖。

我虽然现在肩负责任，但我感到，只要心中有爱，我们生活的每一天天空都是蔚蓝的，每一天空气都是清

新的，每一天阳光都是灿烂的。生活让我们深感疲惫和憔悴，但我们无怨无悔，因为我们有爱陪伴着，爱给予我们前进的动力。

面对伤害，面对不理解，心中有爱的人会选择宽容和放手，人生中唯有爱可以给人力量和信心，我们的生活需要有"爱"的呵护和滋养。

爱就是一个微笑，爱就是一个眼神，爱就是一个拥抱！只要心中有爱，就应活得坦然，轻松和快乐！

爱是广泛的，爱是没有大小的，它不受一切的限制。我们对家人、对朋友、对同事只要付出，无论大小都是崇高的，哪怕是一点点，亦都是高尚灵魂的体现，美好心灵的表达，不求多，只求有。爱是相互的，爱亦是平等的，它如同山谷的回音，你投入什么，就会得到什么；你播种什么，就会收获什么。想要博取别人的心，首先使别人能得到自己的心；要想别人成为自己的朋友，首先要使自己成为别人的朋友，心要靠心来交换，感情要用感情来博取。

我们生活在一个多元的社会中，每个人都需要别人的关爱和帮助。我们关心他人、爱护他人、支持他人、理解他人，我们自己同样也会得到别人的关爱和帮助。把爱做为人与人之间交流的纽带，世间就会少一份猜忌，多一份温馨；少一份欺骗，多一份诚实。"如果人人都献出一片爱，世界将变成美好人间"。

生活中需要有爱，有爱，就有一切。

心中有爱才能爱人与被爱

> 只有心中有爱的人才能去爱人与被爱，要知道世界上最可悲的不是付出爱却没有回报，而是已经不懂得如何去爱，不再具备爱人的能力。

有一对年轻恋人，总在争吵谁先对谁好。女的说："你得先对我好，我才对你好！你不对我好，就甭想我对你好！"男的也不服气："凭什么我先对你好？"

即使在热恋中，他们谁也不愿主动为对方多付出。女的觉得那样做了，她就降低了身份，成了男人的奴仆；男的也觉得不该去伺候女的，那样他的"大男子"身份就受到了贬损。

直至婚后，他们之间极端的"男权"与"女权"的战争不仅从未停息，反而愈演愈烈。在家务事中谁也不会心甘情愿多做一些，为此时常爆发争吵。

悲剧终于发生。男人与另外一个女人相识并相爱，在这个女人全心奉献的关爱下，男人感悟到了"爱情就是互为奴仆"的伟大哲理，全身心地对这个女人报以奴婢般的奉献，而他原先的婚姻也终于解体。在此之前，他的妻子竟心甘情愿放下"女权主义"的自尊，来全心

挽回这份婚姻，但丈夫那边却已是"爱到尽头，覆水难收"了。

这个案例告诉女人，爱是不能单向去索取的。女人不能斤斤计较，男人给了你多少，再视情况给他多少"爱"。聪明的女人应该是个调情高手，她只要满怀浓烈的爱，不求索取地体贴自己的男人，就容易激起他对你更大的回报。

现代社会中，城市越来越繁华，都市丽人的自我保护意识越来越强，她们小心翼翼地把自己脆弱的灵魂包裹得严严实实，拒绝伤害的同时也拒绝了爱情。与其说她们不愿意付出，还不如说她们怯于付出，害怕得不到等量的爱的回应。她们如同蜗牛一般背负着厚重的壳，不时探出头来望望外面的世界，一有点风吹草动就缩回壳中。她们心底热切渴望着爱情，却不敢努力去争取；既怀疑是否存在真正的爱情，也担心即使勇敢追求了也无法得到，得到了也会有失去的那一天，总是斤斤计较得失利害，反而失去了获取真爱的可能。

平时常听人说："有付出才有收获。"似乎付出就是为了收获，但期望越高，失望就越大，所以一旦没有得到预想的结果，就会十分伤心难过。为了收获去付出，就会不时暗自换算自己付出了多少，收获了多少，不成正比的时候就后悔当初的抉择，这是一种自我折磨，时常会把自己弄得疲惫不堪。

与其等待令你怦然心动的他付出了，你再回应等量的爱，完全被动地接受爱情，不如主动地争取自己的人生幸福。"弱水三千，我只取一瓢饮"，茫茫人海里要遇上一个你爱的人并不容易，而有机会付出心底的爱也是一种快乐。至少有那么一个人，值得你真心去爱，值得你为他心甘情愿地付出。当你为心爱的人付出，看到他因你生活得更加轻松舒适，变得更加快乐幸福，你会由心底散发出愉悦感，收获一种付出的快乐。

都市中流行着一种名为"爱无能"的病毒，人一旦感染了这种病毒，就失去了爱人的能力。或许他们享受着被人爱的虚荣，但他们却感受不到幸福。冷漠与自我保护将他们的心紧紧锁住，他们无力去爱人，没有付出的快乐，也没有收获的喜悦。他们成了所谓"理性"的奴隶，精明地计算着得失的比例，一次又一次地与爱情擦身而过，直到完全丧失爱情降临的心动感，无法真正投入一段感情，所以他们也不可能获取真正的幸福。

现代爱情增添了越来越多的附加值，原本男女之间简单的两情相悦也变得复杂起来，这愈加增添了都市人的疲惫感。爱得简单一些，轻松一点，也快乐一些，勇敢地追求属于自己的幸福。即使有一天，爱情逝去了，但至少你勇敢地追求过，轰轰烈烈爱过一场，享受了那么多的快乐时光，拥有了那么多美好的回忆。那么，你也不会在以后的日子里后悔当初没有迈出那一步，幻想着若走出那步又会怎么样，留下一个没有答案的遗憾。"人有悲欢离合，月有阴晴圆缺"，爱过了，就不必不甘心，不要问他为你做过些什么，也不要问你为他付出过什么。女人因为爱情而长大，男人因为女人而长大，我们在今后的日子里要懂得如何更好地去爱一个人。

公平是商品交易的一种理想状态，但你应该明白，

世界上没有绝对的公平，也没有绝对等量的付出与回报，而爱情亦不是商品。相爱的两个人之间的爱注定会一个人多一个人少，两个人在不同时期付出的爱也不同，所以不可能要求完全对等。美国前总统里根的夫人南希曾是个备受争议的人物，美国民众普遍认为她喜好社交活动，奢华地流连于交际场。后来里根总统卸任，他因患老年痴呆症生活不能自理，这时南希甘愿退出一切社交活动，深居简出地悉心照顾他。在整整十年里，为了捍卫丈夫的尊严，保持里根在美国人尤其是崇拜者们心目中的美好形象，南希对他的具体病情一直守口如瓶，甚至还谢绝了亲密朋友的探访，选择独自承受痛苦。里根在生命最后的岁月里，病得已记不起任何人的名字，在一次散步时他试图进入别人的院落，当受到保镖阻止时，他的回答竟是想摘一朵玫瑰带给自己的爱人，原来南希一直在他心中最柔软最深的地方。在夫妇俩的金婚纪念日，南希透露了幸福婚姻的秘诀："婚姻不可能实现真正的平等，其中一方总要付出更多和学会妥协。这50年来，我们就一直在实践着这种付出和妥协。"在不同的人生阶段，里根与南希付出了不同的爱，最终成就了美国民众心目中近乎完美的爱情传奇。

不管是男人还是女人，爱情都需要勇敢与付出。只有心中有爱的人才能去爱人与被爱，要知道世界上最可悲的不是付出爱却没有回报，而是已经不懂得如何去爱，不再具备爱的能力，幸福的女人要学会，付出也是一种快乐。

感恩地爱着

没有谁注定欠了谁的，要照顾你哄你爱你一辈子，所以我们要学会感恩地爱，默默地回报，就像溪流的两岸，彼此牵手相依偎，爱情才可以细水长流。

曾在一篇文章里看到过这样一段话：

一次，在某电台的采访节目里，一位家庭幸福美满的女作家与听众互通热线。

女作家问：你们觉得男人和女人最重要的品质是什么？

听众说了一大堆：善良、聪明、漂亮、体贴、财富等。

女作家全部否定：不，你们说的都是次要的，最重要的是，人要有一颗感恩的心。所谓感恩，就是记得别人的好，并给予加倍回报。这说起来简单，做起来难，而能做到的人更是少之又少。

这位女作家还在电台节目中讲道：在一次聚会上，她的一位朋友当着众人的面夸起了妻子。那位男士说：

妻子把家里的家务活全揽了；每天变着花样给他做饭；孝敬公婆；还专门学了一套按摩手法，在那位男士累了时给他按摩……夸妻的时候他的眼眶竟湿润了。

后来，女作家把这件事情讲给身边的朋友听，很多人的第一反应是：那个男人是不是每一分钱都上交？的确，这个男人不管家庭财政，但男人的感恩和上交钱有什么关系呢？那个男人的收入其实还不如老婆高，也许还有人会说，那一定是他老婆不够漂亮怕被甩，或这男人一定很帅、很会讨女人欢心。相反很少有人从这个故事里听到另外的含义。

不知从何时起，爱情和婚姻被模式化了。养家糊口是男人的事，男人就该累死累活，在人事倾轧中浮沉。胜者，养活一大家子，这是责任；败者，就该跑了老婆丢了孩子，不会有人怜惜。女人就该照顾家，把家收拾得干干净净，将丈夫孩子公公婆婆伺候到位。女人享受男人的物质，男人享受女人的体贴照顾，即使得到很多，仍觉得对方为自己做得不够，更不会感恩于对方，沉浸在爱里的心逐渐变得麻木、迟钝，甚至牢骚满腹。

那位外表粗糙的男人，有一颗细腻感性的心灵，他能体会到妻子对他无微不至的爱，相信他的妻子能为他付出一切，是因为他肯定妻子的付出也同样为她付出了全部。爱从来都是相互的，可是他却绝口不提自己的好，只夸耀自己的妻子。他记得她点点滴滴的好，觉得自己怎么报答也不够。

没有谁注定欠了谁的，要照顾你、哄你、爱你一辈子，所以我们要学会感恩地爱，默默地回报，就像溪流

的两岸，彼此牵手相依偎，爱情才可以细水长流。

一个人要学会感恩，对生命心存感激，心才能真正快乐。一个人没有了感恩，心就全部都是空的。"羊有跪乳之恩"，"鸦有反哺之恩"，"赠人玫瑰，手有余香"，"执子之手，与子偕老"，这些都因心存感激，才芬芳馥郁，香泽万里。

•感恩伤害你的人，因为他磨练了你的意志。

•感恩欺骗你的人，因为他增进了你的见识。

•感恩鞭挞你的人，因为他消除了你的自责。

•感恩遗弃你的人，因为他教导了你要独立。

•感恩绊倒你的人，因为他强化了你的能力。

•感恩斥责你的人，因为他助长了你的智慧。

学会感恩可以提升自己对当前的满意度。幸福是一种感受，如果我们没有学会感恩，你会忽视别人对你的付出，你获取的幸福就会少很多。同样，对待自己的现状应该看到满意的一面（同时正视问题的存在），而不是牢骚满腹。我们经常在公司里能够听到有些员工的牢骚，这些牢骚并不能解决任何问题，反而会影响他个人的心态和职场的前途。

最后，让我们一起再来静静地聆听这首《感恩的心》吧：感恩的心，感谢有你，伴我一生，让我有勇气做我自己，感恩的心，感谢命运，花开花落，我一样珍惜……

真爱面前无输赢

> 爱的真谛从来不是掠取和占领，而是经营，如果你愿意享受爱，就别总做感情的赢者。

精通下棋之道的人都会清楚，对弈者往往全神贯注又彼此互不相让，有时争得脸红脖子粗，甚至掀翻棋盘又和好重来。其实下棋的形式与过程与婚姻有些相似。

婚姻若棋，对弈的永远是一男一女。两个人从相识到相爱的历程，就像是在茫茫人海中寻觅下棋对手的过程。当男女双方在鞭炮的祝福声中步入婚姻的围城，彼此的对弈就悄悄拉开帷幕。男人的第一步棋是想如何讨得女人的欢心，从而确定自己在社会家庭中的地位；女人的第一步棋则是怎样向自己所爱的人展示自己独特的魅力，让自己既美丽又动人。经过多次的反复较量，彼此开始摸透了对方的棋艺，于是，一些男人开始以守为攻，从奴隶晋升到将军，而一些女人则以攻为守，从主人变成仆人。

有一幅漫画，极其形象生动地再现了婚后男女心态的变化。婚前，一个男人晴天打着伞去追女人；婚后一个女人雨天抱着孩子追赶着打伞的男人。这就是一盘棋

的整个过程。

在对弈的过程中，有的女人往往故意先让男人一招，然后乘其洋洋得意时，瞅准时机，将男人置于"死"地而后快；有的男人往往装糊涂，然后趁对方放松警惕时而奋力出击。在彼此较量的过程中，出现了所谓的成功男人和女人，而其中的奥妙却是，女人的贤惠为男人的成功架起了一道云梯，而男人的无情则为女人的成功奠定了基石。

男女双方在对弈的过程中彼此改变和影响着对方，于是，便出现了这样的状况：堕落男人的身后往往有一个贪婪的女人，女人在对物欲的贪婪中，将配偶送进了牢房；成功女人的背后很可能有一个愚蠢的男人，男人在对婚姻的伤害中，将配偶推上了令人瞩目的排行榜。婚姻若棋，在男女相互拼杀的过程中，往往会发生戏剧性的变化：当男人想征服女人时，自己却稍不留神成了手下败将，当女人想输掉一局时，自己却占了明显的优势。正所谓有心栽花花不发，无心插柳柳成荫。

有人在下棋的过程中相信智能，认为它对如何下好婚姻这盘棋至关重要，有人相信命运，认为是胜是败都无法预测。每一个人都无法避免或逃避这场令人瞩目的两性战争，在这场战争中，愚蠢者想速战速决，聪明者则力求打持久战。在你来我往的交战中，凡是相濡以沫的夫妻只有和棋而无输赢，因为他们放弃了胜负心。

爱的真谛从来不是掠取和占领，而是经营，如果你愿意享受爱，就别总做感情的赢者。

宽恕就是爱

快乐的人都善于用他们宽容而富有弹性的心灵去包容一切，有时甚至还会秉持一盏心灵的明灯，去寻找别人人性中的亮点。

当你受到别人的伤害时，你会宽恕他呢，还是一直记恨在心？

苏梅现在已经70多岁了，她甚至做梦也没有想到，在她孤零零地度过了40年时光后的今天，还会如此幸福地享受到人世间最为美好的天伦之乐。

苏梅曾经有一个儿子，可是在他17岁那年，由于一次意外事故，儿子被一群无人管教的坏孩子砍死了。那段时间，她很悲伤，心中也充满了仇恨，每一次看到那些衣着不整、叼着烟卷穿街走巷，狂歌猛喊，甚至脏话连篇的坏孩子，她都有过去撕烂他们的冲动。后来，在一次"拯救灵魂"的公益活动中，她碰到了一个老朋友。他对苏梅说："你的事情我都听说了，可是怨恨是解决不了问题的，而且你知道吗？这些孩子其实也可怜，因为他们孤独：父母过早地抛弃了他们，社会也用

有色眼镜看待他们，他们多数人自从出生的那天起，便没有尝到过温情！"

苏梅愤愤地说："可是，他们夺走了我的孩子！"

"那也许是个意外，放下这些怨恨吧，如果你愿意，也许他们都会成为你的孩子的！"

苏梅听从了朋友的建议，加入了这个"拯救灵魂"的团体。她每个月都要抽出两天时间去附近的一家少年犯罪中心，试图接近这些曾经让她深恶痛绝的孩子。开始时固然有些不大自在，可通过一段时间的交流后，她发现，这些孩子确实也挺可怜。他们渴望被人关爱，甚至渴望得到父爱母爱般的关怀。于是苏梅认下了其中的两个孩子，她每个月都要来看他们两次，而且每一次都把自己最拿手的菜做好带给他们。就这样，从未间断过，当她的这两个孩子出去之后，她再认领下两个……直到现在，她已经认下了二十几个孩子。这些孩子从少年犯罪中心出去，重新回到社会后，也会定期来看望她，把能做的活全部做好，然后与她一起共进晚餐，看电视……

苏梅说，她从没有像现在这样幸福过，她不仅用宽容用爱挽救了这些孩子，也找到了她应有的天伦之乐。

当你受到无辜伤害或被他人欺侮时，你是以牙还牙呢，还是宽恕忍让？报复似乎更符合人的本能心理。但如果这样做了，怨会越结越深，仇会越积越多，冤冤相报何时了？如果总是把别人的过错和自己的失败收藏并存贮在自己心灵的模板上，时间一久，生活必定因你心

灵的壅塞而灰暗起来。而这种心灵的重负终将把你压垮。

此时，你是否因某人对你做错了什么而责备他？你是否因自己目前的处境而怨恨此人？你是否有些相信"倘若不是某个人做了某件事，我本来会更幸福和更成功的"？我们往往会以这样或那样的方式将我们生活中的不幸推诿给他人。可是你是否意识到，在生活中，你紧紧抓住什么，什么就会紧紧跟随你？

我们必须认识到我们为心怀愤恨所付出的代价。我们要懂得：倘若我们不宽容，受害的将是我们自己。心怀愤恨，要花去我们许多精力，而我们本来可以把这些精力用在工作上。愤恨表面上使我们获得某种心理上的发泄，然而，从长远来看，真的能产生现实效应吗？答案是否定的，既然如此，我们为什么还要用这些消极的思想情绪来进一步伤害自己呢？那些死抱绝不宽恕态度的人，在心灵和身体两方面都会因此而付出沉重的代价。

蒲伯有一句话说得十分妙："人类难免会犯错误，但神却让我们宽容。"我们自身所具有的最高尚、最优秀的品质在激励着我们紧紧跟上生活的步伐，停止为我们的失败寻找种种借口。当我们不是从失败中吸取教训，获得经验，而是将失败归咎于他人时，我们就是在做着危害我们自己的事情。

完全、彻底的宽恕，是我们重新焕发青春与热情，走上健康、幸福生活道路的保障。这是我们对生活负起责任的标志。一旦我们意识到，我们已经坐到了司机的

座位上，我们就能将车子平稳地、迅速地开上大道。

的确，在人的一生中，有谁不犯错误、不办错事呢？当人们做了错事、做了对不起别人的事的时候，总是渴望得到别人的谅解，总是希望别人把这段不愉快的往事忘掉，因此如果遇到别人有对不起自己的言行时，就应该设身处地、将心比心地来理解和宽容别人。正所谓"己所不欲，勿施于人"。快乐的人都善于用他们宽容而富有弹性的心灵去包容一切，有时甚至还会秉持一盏心灵的明灯，去寻找别人人性中的亮点。

宽容不会失去什么，相反会真正得到，因宽容而得到的或许会更真实，更值得珍惜。

善待身边的人

如果你把别人看成是魔鬼，你就生活在地狱里；如果你把别人看成是天使，你就生活在天堂里。

"幸福并不取决于财富、权利和容貌，而是取决于和你相处的周围人。"想做个幸福快乐的人吗？那么就从善待他人开始吧！对人多一份理解和宽容，其实就是支持和帮助自己，善待他人就是善待自己。如同中国的那句古语：授人玫瑰，手留余香。

与人为善说起来简单，做起来却不容易：关心他人，当朋友遇到困难的时候主动伸出友谊之手；尊重他人，不去探究他人的隐私，不在背后议论他人；善于和别人沟通、交流，善于和那些与自己兴趣、性格不同的人交往；承认别人的价值，负起该负的责任……

可是，我们很多人，往往总对远处的朋友心存思念，却忘了善待自己周围的人。

有个女孩，和妈妈又一次吵架后，一气之下，转身向外跑去。

走了很长时间，看见前面有个面摊，这才感觉肚子

饿了。可是，她摸遍身上所有口袋，连个硬币都没有。

面摊的主人是一个看上去很和蔼的老婆婆，看她站在那里，就问："孩子，你是不是要吃面？""可是，可是我忘了带钱。"她有些不好意思地回答。"没关系，我请你吃。"

老婆婆端来了一碗馄饨和一碟小菜。她满怀感激，刚吃几口，眼泪就掉了下来，泪珠纷纷落在碗里。"你怎么了？"老婆婆关切的问。"我没事，我只是很感激！"她忙擦眼泪，对老婆婆说："我们不认识，而你却对我这么好，愿意煮馄饨给我吃。可是我妈妈，我跟她吵架，她竟然把我赶出来，还叫我不要再回去！"

老婆婆听了，平静的说道："孩子，你怎么会这么想呢？你想想看，我只不过是煮了一碗馄饨给你吃，你就这么感激我，那你妈妈煮了十几年的饭给你吃，你怎么还要和她吵架？"

女孩愣住了。

女孩匆匆吃完了馄饨，开始往家走去。当她走到家附近时，看到疲惫不堪的母亲正在路口四处张望……母亲看到她，脸上立刻露出了喜色："赶快过来吧，饭早就做好了，你再不回来吃，菜都要凉了！"

这时，女孩的眼泪又开始掉了下来！

我们总是对陌生人的一点关怀感激不尽，却对身边亲人的恩情视而不见。与身边人的相处直接影响我们的生活质量，先要善待我们的亲人、朋友等身边的人，才能善待其他的人，才能得到真正的快乐和幸福。

如果你不能和周围的人友好相处，你将终生不会幸福。因为你就靠周围的人生存，远方的朋友再多，同你日常生活的关系并不大。有人说，我有很多铁哥们，但都在远方，远水不解近渴啊。还有人把办公室的同事当成对手，错了！很多时候真正能帮助你的，比如你突然昏倒了，还是你身边的同事。

如果你把别人看成是魔鬼，你就生活在地狱里；如果你把别人看成是天使，你就生活在天堂里。把身边的人看成是天使，你就会拥有快乐。

怎么才能把身边的人变成天使呢？要学会感恩、欣赏、给予。有一次我和一个听过我的课的学生通电话，我问他最近在干吗？他回答说，在造天堂呢。

学会用心地对待身边的朋友、配偶，能够一下子数出5个亲密朋友的人，有60%比不能数出任何朋友的人更感到幸福。

如果你给自己的使命是造福人间，你就得先造福身边的人。如果你是一个老总，造福社会之前就要先让自己的员工体面地生存。"一屋不扫，何以扫天下？"

如果你对远方的朋友很好，别忘记对身边的朋友也要好。给别人一些灿烂的阳光，就是给自己一片明媚的天空。当你善待身边的人，发现他人优点，肯定他人能力的同时，人家也会关注你、赏识你，认可你。

当爱的雨露洒向他人时，平凡的人生就显得充实而有意义，我们的内心就会一片温馨。如果芸芸众生都能善待他人，那么，无论命运之舟将我们载向何方，我们都能逢凶化吉，遇难呈祥。

对陌生人表达出善意

大城市人流如织，皆是陌生人。这是现代社会的特征，每个人都生活在陌生人的世界里。

无论我们走到哪里，环顾一下左右，几乎都是陌生人的面孔，是陌生人的世界，是陌生的人构成了百态人生！

相信我们都有这样的体验，陌生人一次小小的帮助，都会让我们牢记在心。

在一个人的博客上看到这样一段文字：

有一次乘公共汽车，车体晃荡得厉害，我双手紧握栏杆，生怕摔倒。一个年轻人问我："阿姨，您下车吗？"我摇摇头。年轻人表示要和我交换一下位置，他下站下车。我说："再稍等一会儿，我怕摔倒。"年轻的小伙子微笑了，向我伸出了一条结实的臂膀。我明白他的意思，是让我借用他臂膀给我支撑的力量。瞬间一暖热流让我很感动，这是一种善意，两个陌生人之间的善意。

一个节日，我回北戴河自己的家。购买火车票的时候，被告之坐票已售完，只有站票。我想，反正也

就3个小时的路程，忍一会儿得了。上了车，我在茶炉处靠着。不一会儿，车开了，过来了两个穿蓝工装手拿工具的年轻人，他们看见我站着就对我说："阿姨，您没座？"我点点头。"您跟我们走。"我说："去哪？""去我们工作的值班室。""能行？"他们笑着点头。我跟着他们，在他们的值班室坐了3个小时。这种帮助让我觉得很温暖。若是熟人之间，这种帮助当然不算回事，但他们是陌生人，那需要一种善意。

　　大城市人流如织，皆是陌生人。这是现代社会的特征，每个人都是生活在陌生人的世界里。美国社会学家弗里德曼说得很透彻："当我们走在大街上，陌生人保护我们，如警察；或威胁我们，如罪犯。陌生人扑灭我们的火灾，陌生人教育我们的孩子，建筑我们的房子，用我们的钱投资。陌生人在收音机、电视或报纸上告诉我们世界上的新闻。当我们乘坐公共汽车、火车或飞机去旅行，我们的生命便掌握在陌生人的手中。如果我们得病住进医院，陌生人切开我们的身体、清洗我们、护理我们、杀死我们或治愈我们。如果我们死了，陌生人也将我们埋葬。"

　　这段话出自2007年4月份的《自由谈》里，多次重温，每次都有新的感受。我们往往更多地关注和依赖亲情和友谊，却时常忽略陌生人才是我们最重要的社会关系。

　　我在这座城市长大，我喜欢这座城市，我喜欢它让人亲近又处处陌生。我喜欢在陌生人中行走；我喜欢在闹市看陌生人购物时的挑挑捡捡；喜欢在菜市看陌生人买菜和与小商贩讨价还价；喜欢在街头看陌生人急匆匆的脚步；喜欢在华灯初上的时候，趴在过街天桥的护拦上看南来北往的汽车流；喜欢在公园或绿地上看陌生人打拳、跳舞、读书和沉思；喜欢在路边看进城来的农民工栽种花草树木、铺路架桥和他们休息的时候吸烟喝水侃大山的样子……每一个陌生人都是一个完整的世界，因为陌生，他们才显得那么神秘和有趣。

……

学会在陌生人的世界中生活，学会同陌生人相处、交流，这将有助于一个现代人建立起完善的人格。一旦我们彻底跳出亲情和熟人的圈子，用"陌生人规则"办事、做事，我们的行为就会更健康，心理就会更简单更轻松，在陌生人的面孔后面我们更容易读懂人生，从一次次陌生人的善意中更容易体会到人间的温暖。我们会在陌生人世界的冷暖中，逐渐发觉现代社会的本质。

我想起田纳西·威廉姆名剧《欲望号街车》中的一句话："我总是依靠陌生人的善意。" 这句话在美国红了至少30年。

在力所能及的情况下，要学会帮助陌生人，而且是不求回报地帮助他人。做到了这一点，就能够收获友谊、尊重和信任，而这也正是一个人魅力之所在。陌生人还可以帮助自己发现并避免很多缺陷和不足之处，从而更好地完善自我。常常帮助陌生人，还可以升华自己的胸怀和感情，让个人情操变得高尚。

对陌生人心存友善，将会有助于你获得快乐，快乐其实很简单。

修炼自己的心灵品级

> 心灵是有品级的，心灵的品级决定人格，决定品格，决定一生的命运。

人们通常会用官衔和金钱来衡量男人的品级，用相貌和气质品评女人的品级，却很少有人去思量心灵的品级。心是有品级的。而它的品级决定一个人一生过得快乐还是苦恼，决定一生的成败。

心灵的最基础的境界是宽容之心。有一句话说："有容乃大"，要学着对别人宽容，更要对自己宽容。每个人都不可能风平浪静地过一辈子，都会遇到坎坷和挫折，过往的人和事的确会给我们带来辛酸。没有人没犯过错误，没有人是完美的，"金无足赤，人无完人"，宽容他们吧，因为宽容别人就是善待自己，因为耿耿于怀只能加深对自己的伤害，让自己背负沉重的包袱，永远也不能轻松地前行。在我们成长的过程中，因为不经世事做过许多错事，有的尚可挽救，有的无法弥补。宽容自己的过去吧，因为宽容自己的过去，就是善待自己的未来，把过去的经历当成生命的礼物，未来的生活才能更加精彩。难道不是吗？为什么要到生命的最后一天才知道生命的可贵？能够好好活着已经很好了呀！

心灵的第二境界是感恩之心。怀有一颗感恩的心，才更懂得尊重，更能体会到自己的职责。怀着感恩的心，一代伟人邓小平古稀之年说："我是中国人民的儿子，我深深的爱着我的祖国和人民！"怀着感恩的心，诗人艾青在他的诗中写道："为什么我的眼中饱含泪水，因为我对这片土地爱得深沉。"当我们每天享受着清洁的环境时，我们要感谢那些保洁工作者；当我们迁入新居时，我们要感谢那些建筑工人；当我们乘车出行时，要感谢司机……懂得感恩，就会以平等的眼光看待每一个生命，重新看待我们身边的每个人，尊重每一份平凡普通的劳动，也更加尊重自己。一个人要学会感恩，对生命怀有一颗感恩的心，心才能真正快乐。

心灵的第三境界是慈悲之心。有人说，一个社会的进步是慈悲心的进步，这句话非常有道理。人类在远古的时候就开始弱肉强食，时代进步到今天仍然存在"大鱼吃小鱼，小鱼吃虾米"的现象。所以，慈悲是人类文明进步的标志，强者不应该只会恃强凌弱，而应该帮助弱者。每一个社会都有弱者，在我看来，恃强凌弱不是真本事，不论是企业还是个人，都是极其卑劣的行为。真正的强者更是心灵的强者，他们有海纳百川的度量，是高山仰止的气势。每个人从呱呱落地的那天起，就注定了要走一条自己的路，有的很长，有的很短，有的成功，有的失败，有的大成大败千回百转，不管走怎样的道路最后都归结为空。人生要有意义，首先要尽可能地

为别人多做事情，哪怕是微不足道的小事，只有付出才能体现自己存在的价值，这也是生命的价值。人是需要有慈悲心的，男人有慈悲心是上品，他一定心地善良，为人仁厚，凡事谦让，具有绅士风度；女人有慈悲心也是上品，她一定知书达理，聪慧贤淑，具有淑女风范。

心灵的最高境界是敬畏之心。就像教徒一样，那份虔诚任风吹雨打不可动摇。商家讲求诚信，朋友讲求诚心，情人讲求诚意，这原本是人类最基本的约束。如果每个人都对规则、条律、伦理拥有本能的敬畏，在商言信，在职言公，在情言忠，这世界将是何等美丽。如果一个男人拥有敬畏之心，那他一定是精品，一定是个事业顺利、爱情幸福、妻贤子孝、交游广阔的人；如果一个女人拥有敬畏之心，那她一定是精品，一定是个才艺双全、气质不凡、仁爱有加的人。

但愿我们在物质丰富的时候，能注意修炼我们的心灵品级。相信我们每个人都会有这样的经历，在物质过剩的时候，我们便会变得十分腻烦和不知所措。酒喝得太多了会吐，饭吃得太多了会胀，肚子里油水太多了会胖，人不需要劳作了会生出很多富贵病。人类的很多疾病都源于物质生活的过剩。当我看到一个肥胖的人牵着一条肥胖的狗从路上走过，我不仅为人感到痛苦，也为狗感到痛苦。它本来应该健康地奔跑在田野上，追逐野兔或白云，现在却被害得连路都走不动。这条狗被物质的过剩牺牲掉了，同时牺牲的还有它本来应该更加快乐健康的归宿。另外，当我们物质太多的时候，我们便在选择中迷失。女人们在满柜子的衣服前左挑右选，不知

道穿哪件衣服合适；男人们在满桌的酒菜前左顾右盼，不知道从哪里下筷，这实在不是令人痛快的事情。记得我们小时候就那几部电影，看得反反复复，却成了我们童年最好的回忆；现在的孩子们光碟满天飞，几乎每天一部新片，但长大后对这些却没有太多的记忆。这其中的根本原因在于，在物质丰富的同时，我们却忽略了修炼自己的心灵品级。

关注内心，修炼自己的心灵品级，你的一生必将是快乐的。

第三章

|拿起就是幸福，放下就是快乐|

该拿起的拿起，该放下的放下。这样的人生才是圆满的人生、精进的人生。拿起，可以拥有幸福；放下，也可以收获快乐。也许你只要变换一下角度，也许你只需改变一个小小的念头，也许你什么都不用做只需学会遗忘，就可以轻松收获这份永葆青春的快乐。

重拾亲情

> 树欲静而风不止，子欲养而亲不待。我们每个人都应该学会拥有并懂得珍惜。

亲情，是木兰替父的故事；亲情，是孟母三迁的佳话；亲情，是阿炳二泉映月的旋律……亲情，是你生病时的探望与呵护；是你顿挫时的鼓励与支持；是你得意忘形时的棒喝！缺乏亲情的世界是冷酷的，我们应该珍惜并用心去呵护亲情。

很多人都有这样的感受：我们成家多年了，虽然和父母同住一个城市，由于忙碌，不经常回家，总觉得走到哪里也是父母的孩子，回家多一回少一回无所谓。

其实，仔细想一想，我们会在突然间醒悟，自己想错了。亲情是最纯粹、最无私的。我们不能认为亲人的付出理所当然，不能因为亲近而忽视亲情。

春节临近，一位父亲给住城里的儿子打来几次电话，催他回家，说春节快到了，拿点糍粑回家过年。其实，要不是老人到了80岁的高龄，腿脚比原来差了，他早就把糍粑送过去了。儿子总是支吾着说，很忙，没时间回家。可心里却想：特意回家拿糍粑，好像城里没糍粑似的！

　　谁知，腊月廿四，一个大雪纷飞的日子，一个各家各户正在过小年的日子，老人用一根小扁担，肩挑着两个沉重的小蛇皮袋出现在儿子家门口。儿子惊呆了！忙着接过挑子，帮父亲抖落身上、蛇皮袋上的雪花，老人则不停地搓揉着冻得发红的一双满是裂纹的大手。儿子打开蛇皮袋，看着廉价的糍粑不屑一顾地说："再过几天就要过年了，您送糍粑来干吗？过年时，我回家拿也不迟呀！"父亲遭儿子一番埋怨，愣住了，好久才说："你……你们忙，年前没时间回家，特别是卓子（父亲的孙子）喜欢吃老家的糍粑，过年拿就迟了，我会睡不好觉的。"在儿子不停的"批评"下，老人被冻得发紫的一张像千年古树皮的老脸急出了红晕，表示自己进城只是为了送糍粑，看孙子。儿媳回来了，一听说父亲特意送糍粑进城，她和儿子是同样的心情，刚要说上几句，被儿子使眼色止住。吃午饭时，她还是冷冷地甩下一句话："爸，天寒地冻的，你老要是摔着了，冻着了，治疗的钱，要买多少糍粑？"老人被儿媳呛得没言语了，仿佛自己做错了事。

　　或许因为儿子儿媳的话伤害了老人，午饭，他老人家吃得很少。儿子想留父亲在城里过年，但父亲执意要回家与列祖列宗一起过，倔强的父亲拿着小扁担和空蛇皮袋一步一颤地走出了家门，连心爱的小孙子也没回头去看一眼。儿子把父亲送上车后，回到家，看到自己的儿子正在吃他妈妈刚为他用油炸制的糍粑。"爸爸，爷

爷送的糍粑真好吃，不像城里卖的糍粑，有硬块，有米粒，是水货。"听儿子说完，他忙用筷子夹了一块放在糖水中浸泡后，放进嘴里，是家乡特有的糍粑风味，外层焦脆，里层柔软可口，让人感觉有一股甘泉直涌心田。

因为母亲去世早，只有留在家乡的姐姐陪着父亲一起过生活。大年初一，儿子回到家，姐姐正在给列祖列宗烧香上供，而父亲却躺在床上喘着粗气，说："我的腿完全不行了。今后，不能再送糍粑给卓子吃了。"说完，眼泪就滚出来了，因为每年的初一，父亲都会深深地思恋母亲，都会流泪，儿子也没在意。后来他来到客厅，听姐姐说，父亲给他送糍粑后，回到家就"中风"了，也就是说80岁高龄的父亲在中风前夕还拼着最后的一点力气为儿子送了一趟糍粑。

儿子再也坐不住了，跑到寒风凛冽的院子中，愧疚的泪水夺眶而出。

一切真情的存在，其实都意味着爱的付出，而非索取。这位父亲正是如此。有人说，父爱是寓学于玩的生动故事，是广阔的大海，是无边的草原，是童年回忆中的嘻嘻哈哈。这只道出它"粗犷"的一面，其实，父爱也是细腻的，只是平时藏得更深、不易感觉到罢了。有时候，我们会对别人给予的小恩小惠"感激不尽"，却对亲人一辈子的恩情"视而不见"。

某社会组织进行过一次社会调查，主题是调查一个受过大学教育的人参加工作后，要用多少年的时间才能

将他读大学的费用偿还给父母。调查结果显示，平均时间大约为15年。

上面的调查应该只是一个假设，多数人不会进行这样的偿还活动。年轻人一旦羽翼丰满，全心关注的只是自己的天空——他的事业，他的家庭，他的快乐，至于那片养育自己的土地，他们往往无暇顾及。

因此，"滴水之恩，涌泉相报"的感人场景常常只会在与我们毫无血缘关系的人身上出现，因为别人没有义务帮助我们，所以哪怕只是别人的举手之劳，我们也会铭记在心。而对于亲人，则正好相反，是"涌泉之恩，滴水相报"。

"母亲啊！你是荷叶，我是红莲，心中的雨点来了，除了你，谁是我在无遮拦天空下的荫蔽？"尽管我们知道，只有父母才是我们一生唯一的持久的依靠，却视他们艰辛的付出为理所当然。这也许是对他们最大的伤害！让我们重拾亲情，让这温暖的情感时刻围绕在我们的心头。有美好情感在心里的人，是最容易感受到快乐的。

不要让友情在匆忙的生活中溜走

友谊是要用心去浇灌的，就像所有我们生命中珍惜的东西一样，需要经过培养、不断注入心血来让它保持坚固。

当一个人在困境的时候；当一个人在迷茫的时候；当一个人在心情低落的时候；当一个人在孤寂的时候；当一个人在沮丧的时候；当一个人在人生低谷的时候，知己就是你的精神支柱……

在你成功欢快的时候，分享你的胜利和喜悦；在你悲伤无助的时候，给你安慰与关怀。知心的朋友永远是你一生的财富！

男人们在这一点上做的很不错，几乎很少有男性，因为工作，因为结婚，而把自己的朋友撂在一边。男人之间的友情很少因为这些因素中断，即使工作再忙，在闲暇的时候，他们总会约上自己的三五好友聚聚餐，打打篮球什么的。在这一点上，女人的确应该向男人们学习。

女人们在上学的时候很容易拥有闺中密友，但是在结婚后，却一头扎进了婚姻的围城里，友情似乎就在日复一日的忙碌生活中渐渐消逝了。

曾经，校园里的女孩们，像琼瑶小说《烟雨蒙蒙》中的依萍和方瑜，像亦舒小说《流金岁月》中的蒋南孙和朱锁锁，把那心底里小小的心事交换，欢乐大家一起分享。"谁能够划船不用桨，谁能够扬帆没有风向，谁能够离开好朋友，没有感伤。我可以划船不用桨，我可以扬帆没有风向，但是朋友啊，当你离我远去，我却不能不感伤。"——唱起无印良品这首《朋友》的时候，有多少女孩子，哭红过眼睛。那时的她们以为就算岁月更迭，人事变迁，情谊却一定不会更改。也曾想象，到满头华发、子孙满堂时，她们仍然可以一起坐在摇椅上，面带微笑地聊起年少荒唐事，这是多么美妙的一幅图景呀！

可是，如今，奔向三十岁的她们，每天不是为处理尿布和奶瓶而烦恼，就是与打扫不完的灰尘和消减不了的肥胖作斗争，生活变得琐屑与无趣。她们不再爱笑爱疯，不再生动可爱，不再跟密友凑在一起，聊得尽兴而归。现在，她们要么是推掉聚会，说自己今天要陪老公，要么就是人来了，心不在焉地坐一会儿后离去。过去妙语连珠的她们，现在的话题除了老公就是家庭琐事。

而男人则不同。在校园里，他们喜欢在球场呼啸奔跑，在宿舍集体玩游戏。工作后，他们常常抽空相聚，不是凑成一桌打打牌，就是驾着私家车兜风野营。双休日，相邀着到河边钓鱼，品尝烧烤和啤酒的滋味，仗义豪言、意气风发的气概不减当年。

为什么结婚后男人的朋友圈子越来越大，而女人则更多的是在一个人的世界里寻求乐趣，或者把丈夫的朋友圈子作为自己的朋友圈子？其实，这要归因于女人的心理特点，女人都把婚姻当成了自己的归宿，当那么一个或几个密友，陪伴她们经历情事艰难终成正果后，女人便一头扎进了婚姻，丈夫和孩子成了她生活的中心与惟一的话题。可是，假使有一天她们与男人分手后，女人会发现，自己竟然什么都没有了！所以女人一定要拥有自己独立的朋友圈子，这才是真正独立的开始。

友谊是要用心去浇灌的，就像所有我们生命中珍惜的东西一样，需要经过培养、不断注入心血来让它保持坚固。所有的感情都是这样的，我们不断投资和支出，只有感情的账户上留有"资金"，我们和他人的交往才能顺利进行。愈是持久的关系，愈要不断的储蓄。由于彼此都有所期待，原有的信赖很容易枯竭，经常接触的人必须时时投资，否则突然发生透支，令人措手不及。

所以，尽管生活方式会发生变化，再亲昵的朋友，也不可能像从前那样朝夕相处了；尽管随着个人意识的不断增强，大家不再像学生时代那样习惯集体行动，而是更乐于各忙各的；尽管闺中密友已经结婚了，没有时间泡在你那絮絮叨叨的感情故事中……但不管怎样，你都可以：

- 主动约她出来喝喝茶。
- 时常打电话问候她。
- 在她需要你帮忙的时候义不容辞。

· 分享她的快乐。

· 和她一起游泳、打羽毛球、打篮球等。

也许她并没有时间去赴约，但没有关系，你所有的举动无非只是想告诉她：我很在乎我们之间的友谊，我希望随着时间的流逝，友谊也在不断地成长，而不是停滞或中断。

拿起自己做事的兴趣

如果对所做的事情有兴趣，不仅会获得好心境，还会更顺利地获得事业的成功。

"成功学之父"卡耐基把热情奉为"内心的神"。他认为："一个人成功的因素很多，而属于这些因素之首的就是热情。没有它，不论你有什么能力，都发挥不出来。"

即使你的处境再不如人意，也不应该厌恶自己的工作，世界上再也找不出比这更糟糕的事情了。如果环境迫使你不得不做一些令人乏味的工作，你应该想方设法使之充满乐趣。用这种积极的态度投入工作，无论做什么，都很容易取得良好的效果。

人可以通过工作来学习，可以通过工作来获取经验、知识和信心。你对工作投入的热情越多，决心越大，工作效率就越高。当你抱有这样的热情时，上班就不再是一件苦差事，工作就变成了一种乐趣，就会有更多人愿意聘请你来做你所喜欢的事情。因此，工作是为了自己更快乐。

我们想想，在做自己感兴趣的事情时，我们很少觉得无聊。比如去KTV唱歌，假使你非常喜欢唱歌，是麦霸，那你一连唱上几个小时也不会觉得累，反而很兴奋，有种很过瘾的感觉。但是如果你五音不全，是被朋友们硬拉着去KTV的，你就在旁边一直帮着别人点歌并欣赏别人唱歌，这几个小时对你来讲很无聊，你一定会累坏了。

我们总是在工作中抱怨不已，可是，你要提醒自己，工作的质量会决定你生活的质量，它会让你的日子加倍有趣或者加倍无聊，因为在你清醒的时间里有一半都在工作，如果你不能在工作中找到乐趣，你大概也不能在别的地方找到乐趣。告诉自己只要对工作发生兴趣，你就会获得好心境。

兴趣并不是一成不变的，它是可以培养的。

卡登博是法国顶尖的推销员。但他是一位美国人，刚来的时候一句法文也不会说，他如何能获得成功呢？

原来他请雇主把推销词先写好，他背得滚瓜烂熟。登门拜访时先按门铃，卡登博开始背诵那段推销词，他的法文发音可笑极了，他把图片拿出来给家庭主妇观看，当她们问问题时，卡登博只有耸着肩膀说："一个美国人……一个美国人。"接着他脱下帽子，指着贴在帽底的法文推销词，他之所以能撑下去，完全是他决心把这工作变得有趣。每天早晨出门前，他总是要对镜中的自己来一段精神打气：

"卡登博，想混口饭吃，就得干下去。既然得干下去，为什么不好好开心的工作？每次按门铃之前，何不想象自己是即将登台的演员，马上有观众要欣赏你的表演？"

卡登博说，每天打气使他后来对工作真正产生了兴趣，他不再感到厌倦，他感到了快乐，并获得了成功。

无趣是无法继续工作的真正原因。如果你常常从事劳心的工作，通常令你疲倦的不是工作量，而是未完成的工作。举例来说，也许上礼拜的某一天，你一直被打扰中断工作。该回的信没回，该赴的约取消了，事事不顺心。你好像什么也没有完成，可是你却拖着疲惫的身躯回家，也许还头痛欲裂。

所以，当我们身在其位时，既然必须工作，就得想办法让工作变得有趣一些，这样，我们就会真心地投入工作，并在心灵上得到快乐。

也许，一开始你不得不为自己一遍遍地打气，但久而久之，你会把这种兴趣内化到心里，一旦你了解它们之后，你会发现做起来真的顺手很多了。还有一种培养工作兴趣的方法叫"假装"哲学，也就是即使你不喜欢这份工作，你也要"做出"快乐的样子，时间一长，多半工作真的会变得较为有趣，你也就不会觉得太疲倦、紧张及烦心。

人的一生，就像一趟旅行，沿途有数不尽的坎坷泥泞，也有看不完的春花秋月。如果我们的一颗心总是被灰暗的灰尘所覆盖，心泉干涸，目光暗淡，没有生机，丧失斗志，我们的人生轨迹岂能美好？如果我们能保持一种健康向上的心态，即使我们身处逆境、四面楚歌，也一定会有"山重水复疑无路，柳暗花明又一村"的那一天。

总是追缅过去，会对不起未来

十年前谁知道十年后自己会是什么样？今日又如何知晓十年后的自己，又将会以怎样的形象示人？我们可以掌控的只是现在的自己，只有把握现在的自己，才能走向更好的未来。

很多人总爱回首当年勇，他们的口头禅是："想当初我是班长，想当初我在班里学习成绩是最好的，想当初我是最早参加工作的人，可是现在……"他们陷在过去的时光中无法自拔，有的追忆过去的光辉业绩，有的伤感过去的错误决定……总之他们共同的特点是，喜欢回头看。

大学刚毕业时，丽莎有着五彩斑斓的梦想。怀着对户籍制度的冷眼和对事业单位稳妥生活的鄙视，丽莎放弃了带指标的单位，进入口碑很好的跨国广告公司。实习期工资很少，丽莎不分昼夜地工作，吃的是最便宜的盒饭——这些丽莎都不在意。但竞争是残酷激烈的，一次次创意被否定，一次次电话后杳无音讯，丽莎对自己的能力产生了怀疑。一年过去，丽莎有些倦怠了，眼睛

也因经常熬夜总是带着黑眼圈，而卡上的存款不仅没有变多，反而随着公寓租金的上涨而飞速减少。原先那些选择事业单位的同学都排上经济型住房了，自己的转正还遥遥无期。丽莎一下子恐惧起来。心想与其坐以待毙，不如换换别的环境，试试别的可能，于是她跳槽到一家私营企业做演员助理。可公司里那些"新生代天后"的演出她一场也不想看，心想有工夫不如多观察一下老板的脸色，看能否提醒他上月工资还没发。在私企，员工的解雇升职、工资涨落，都是老板的一句话。虽与老板笑脸相迎，但看着周围人走马灯似的流动，丽莎只得暗暗寻觅新的下家。

每天拖着疲倦身影回到与人合租的小单间，丽莎的脑子一片空白。她总在想：想想当年自己在学校中还是很优秀的，为什么现在很多以前不如她的人却在工作上一帆风顺？如果当初自己选择了事业单位，又会怎样呢？总之会比现在好吧？……

很多女人总爱回首当年勇，爱感叹今不如昔，爱感叹旧时恋情。而我，是最不喜欢回头看的，倒不是不恋年少时光，也不是不明白淳朴单纯也是一种温馨，只是我不想因感叹而影响未来。世间有两种人，一种回首看过去，都是好的，都值得珍藏，值得再次翻看，每向记忆索阅一次，就兴高采烈一回；另一种人，可能不那么幸运，每每回忆过去，总想到那些痛那些伤，免不了要揭开几近痊愈的伤口。

人生常常摆着两条路供你选择，走上一条，另外一

条已无缘涉足，回首无益。不要叹息自己的选择，至少一路走来，荆棘踩过，甜头尝过，痛痒兼具，冷暖自知，苦乐都由己。

人生不可以重来，既然选择了这条路，就不可能观赏那条路的风景。

往事何必再回头。时光一天天的流走，一去不返，何必还去管当时，你是什么样的你，有如何豪气万丈的初衷，许过什么样的愿。不要总是说："如果我当初那样选择，就不致如此，唉……"叹气追缅过去，是对不起未来。

十年前谁知道今日的自己会是什么样？今日又如何知晓十年后的自己，又将会以怎样的形象示人？我们可以掌控的只是现在的自己，只有把握现在的自己，才能走向更好的未来。正如文中的丽莎，她可以选择不断充电来提升自己或者根据自己的特长和性格特征给自己重新做一个职业规划，而不是整天沉浸在自怨自艾中。

梦一般，如烟散，让愉快的部分留给旧韶光，不愉快的也一起无痕迹。去，去，别再到脑海里来烦我！只有这样，你才会觉得一年比一年好，一年比一年活得坦然，对未来，总能比对过去乐观。

欲望向左，快乐向右

被欲望的茧子所束缚，我们就会失去自由，失去快乐。

在这个世界上，我们之所以不快乐，并不是因为拥有的太少，而是因为想要的太多。

"想得到更多"是人的天性，我们总是在追求更多的财富、更高的地位、更多的刺激。在物质欲望急剧膨胀的时代，我们的心态，受到了严重的污染。在物质生活越来越丰富的今天，我们活得越来越累，越来越郁闷。

其实，很多时候，人之所以能成功在于他们抛弃了很多杂念，一心奔着一个目标前行。因为杂念少了，所有的力量集中在一处，反而更容易取得成功。

在一次登山中，一个登山者首次不使用氧气，成功登上了世界最高峰——珠穆朗玛峰。当他下山后，人们纷纷问他成功登顶的秘密时，他说："这没有什么秘密，我知道大脑是一个重要的耗氧源，科学家曾告诉我们：各种思想在大脑中相互撞击时，竟要消耗我们吸入全部氧气的40%。所以，为了减少对氧气的消耗，我只有向前走这一个念头，至于其他的任何想法我都把它们

统统从脑子里抛掉，没有了任何的杂念，我就等于放下了一个背在身上的巨大的包袱！轻松地向前，这就是我成功的全部秘密。"

可是，在具体的实施过程中，我们总是没有悟透其中的奥秘，我们要了这个想要那个，不但让这些欲望绊住了自己前进的步伐，而且还失去了自己的快乐。

一位做了十几年心理顾问的医生说，在他所接触的各种各样的心理病例中，最为严重也是最为普遍的现象，就是人们一生总是疯狂地、没有理智地追求更多的东西，从而引起心理疾病。他们并不在乎自己已经拥有了什么，他们只是想得到更多。有这种心理症状的人常说："如果我的愿望得到满足，我就会变得快乐。"而当这些愿望真的实现时，他又感到无聊，又滋生了更多新的欲望。

欲望像雪球般，越滚越大，无休无止地膨胀，以致于我们的心灵永远处于饥荒的状态。

对地位的贪求，对利益的渴望，对享乐的欲求，使得很多人成为这个时代的"饥民"。

唐代柳宗元写过一则寓言故事，题名为《蝜传》。其大意为：有一种小虫子很喜欢捡东西，它在爬行时，不管碰到什么东西，都会捡起来，放在背上。慢慢地，它背的东西越来越多，爬起来也越来越困难。尽管这样，它仍然不停地背东西。有人见了，可怜它，帮它把背上的东西拿下来。当它刚刚能够爬行时，又会像以前那样背着重物向前爬。到最后，小虫子身上背的东西越来越多，越来越重，它终于被自己身上的重物压死了。

第三章 拿起就是幸福，放下就是快乐

　　人是万物之灵，按理说，比小虫子应当高明得多。但我们在生活中的所作所为，和这种小虫子到底有多大的区别呢？我们想想看，自己是不是习惯于像这种小虫子一样，喜欢把"名声、利益、权势"背在身上，是不是总想得到更多呢？我们是不是喜欢把沉重的负担，一件一件驮在背上，无论如何也舍不得扔掉，到最后，自己把自己活活地压垮了呢？

　　从某种意义上说，人类比虫子更加可悲可叹，因为虫子只是负重在身，而人类却负重在心！

　　有一位修行人，离开了他原先修行时所在的村庄，到荒无人烟的深山老林里去进一步苦修。他只带了一块布当作衣服，就一个人到山里去了。

　　住了一段时间，他在洗衣服的时候，发现需要另外一块布来替换，就下了山，回到村里，向村民们讨一块布当作衣服。村民们都知道他是一位虔诚的修行人，毫不犹豫地给了他一块布。

　　这位修行人回到山里不久，他发现在他住的茅草屋子里，有一只老鼠。这只老鼠经常在他专心打坐的时候，出来咬他那件准备换洗的衣服。他在这以前已经发过誓，说自己一生会严格遵守不杀生的戒律，因此他不愿意去伤害那只老鼠。但他又没办法赶走那只老鼠，所以他又回到村里，向村民要了一只猫来饲养。

　　带回了这只猫之后，他又想：这只猫要吃什么呢？我用猫来吓走老鼠，当然不能让它去吃老鼠。但这只猫总不能跟我一样，每天只吃一些水果和野菜吧！于是他

又向村民讨了一只奶牛，这样，这只猫就可以靠喝牛奶活下去了。

修行人在山里住了一段时间以后，发现每天都要花很多的时间来照顾那只奶牛，于是他又回到村里，找了一个无家可归的流浪汉，将他带到山中，帮自己照顾奶牛。

流浪汉在山中住了一段日子后，向修行人抱怨说：我跟你不一样，我需要一个女人，我想要过正常的家庭生活。修行人一想，也有道理，我不能强迫别人一定要跟自己一样啊。

于是他又下山，给流浪汉找了一个老婆……

故事就这样不断地演了下去。到了后来，大半个村子都搬到山上去了。

欲望就是一条锁链，接二连三，无休无止，越来越长。不知不觉间，我们就被自己欲望的锁链牢牢地拴住了。这些铁链，牢牢地拴住了我们的手脚，拴住了我们的心。我们的得失心越来越严重，我们不再那么洒脱，我们开始为了很多事计较，我们的快乐就在这斤斤计较中慢慢消失了。

我们欲望之丝结成的茧子，是人生的牢笼，是最难突破的束缚。我们从出生直到离开，一直都被囚禁在这个笼子里。

被欲望的茧子所束缚，我们就会失去自由，失去快乐。

不要为小事耿耿于怀

生命本就是一场长途旅行，好的不好都是沿途的风景，何必把自己困在一些小事上闷闷不乐的呢？

著名的心灵导师戴尔·卡耐基认为，许多人都有为小事斤斤计较的毛病。人活在世上只有短短几十年，却浪费了很多时间，去愁一些一年内就会被忘掉的小事。

1945年3月，罗勒·摩尔和其他87位军人在贝雅·SS318号潜艇上。当时他们的雷达发现一支日本舰队朝他们开来，于是他们就向其中的一艘驱逐舰发射了三枚鱼雷，但都没有击中。这艘舰也没有发现。但当他们准备攻击另一艘布雷舰的时候，它突然掉头向潜艇开来（是一架日本飞机发现这艘位于60英尺深的潜艇，用无线电告诉了这艘布雷舰）。他们立刻潜到150英尺深的地方，以免被日方探测到，同时也准备应付深水炸弹。他们在所有的船盖上多加了几层栓子，同时为了沉降保持安静，他们关闭了所有的电扇、冷却系统和发动机器。

3分钟之后，突然天崩地裂。6枚深水炸弹在他们的

四周爆炸，把他们直往水底压，一直到深达276英尺的地方，他们都吓坏了。按常识，如果深水炸弹在离它17英尺之内爆炸的话，差不多是在劫难逃。那艘布雷舰不停地往下扔深水炸弹，攻击了15个小时，其中有十几个炸弹就在离他们50英尺左右的地方爆炸。他们都躺在床上，保持镇定。但罗勒·摩尔却吓得不敢呼吸，他在想："这回完蛋了。"在电扇和空调系统关闭之后，潜艇温度升到近40度，但摩尔却全身发冷，穿上毛衣和夹克衫之后依然发抖，牙齿打颤，身冒冷汗。

15小时之后，攻击停止了，显然那艘布雷舰的炸弹用光以后就离开了。这15小时的攻击，对摩尔来说，感觉上就像有1500年。他过去的生活都一一浮现在眼前，他想到了以前所干的坏事，所有他曾担心过的一些无稽的小事。

在他加入海军之前，他是一个银行的职员，曾经为工作时间长、薪水太少、没有多少机会升迁而发愁；他也曾经为没有办法买自己的房子，没有钱买部新车子，没有钱给妻子买好衣服而忧虑；他非常讨厌自己的老板，因为这位老板常给他制造麻烦；他还记得每晚回家的时候，自己总感到非常疲倦和难过，常常跟自己的妻子为了一点儿芝麻小事吵架；他也为自己额头上的一块小伤疤发愁过。

多年以前，那些令人发愁的事看起来都是大事，可是在深水炸弹威胁着要把他送上西天的时候，这些事情又是多么的荒唐、渺小。就在那时候，摩尔向自己发誓，如果他还有机会见到太阳和星星的话，就永远不会

再忧虑。他认为在潜艇里那可怕的15小时里所学到的，比他在大学所学到的要多得多。

在生活中，我们很多人总是因为一些小事而烦恼。塞车、买票插队、同事争执、服务生态度恶劣……可是，想想这些，就真的值得我们如此生气吗？解决不了问题不说，好心情也因为这些小事变得糟透了。生命本就是一场长途旅行，好的不好的都是沿途的风景，何必把自己困在一些小事上闷闷不乐呢？

然而，我们总是不能明白其中的道理，仅仅因为一些小事，冲动之下，就可能造成令自己后悔莫及的后果。一位地方检察官说："我们处理的刑事案件里，有一半以上都起因于一些很小的事情：在酒吧里逞英雄，为一些小事情争争吵吵，讲话侮辱别人，措辞不当，行为粗鲁……就是因为这些小事情，引起冲突，结果导致命案的发生。很少有人真正天性残忍，一些犯了大错的人，很多是因为不能容忍一些小事结果造成了无法挽回的局面。"我们都曾经历过生命中无数狂风暴雨和闪电的打击，但我们都撑过来了。可是我们有些人却让自己的心被"小甲虫"咬噬——那些用大拇指和食指就可以捏死的"小甲虫"，这是为什么呢？我们应该好好地思考一下。

人生只有短短的几十年，时间一去不回，但我们会用很多的时间，担心一些小事，而这些事情，一年之内就会被忘掉，所以我们应该将有限的时间用在做有意义的事情上，比如多陪陪父母，多帮帮需要帮助的人，做

我们该做的事情吧！生命太短促，不要理会烦人的小事了。英国著名作家迪斯雷利曾经说过："为小事生气的人，生命是短暂的。"如果你真正理解了这句话的深刻含义，那么你就不会再为一些不值得一提的小事情而生气了，你的生活也就会多些快乐。

该淡忘的就应淡忘

> 被这一串不愉快的情绪折磨困扰，摆脱不了不愉快的过去，创造不了美好的未来，便会无时无刻不生活在痛苦之中。

时间是向前走的，我们不能因为昨天的辉煌就忘记了今天的跋涉，已经取得的成就或者已经遭受的损失都是过去的事情了，要学会忘记过去，让自己重新开始，整装出发，抓住今天才是最关键的。

被世人尊称为"现代管理之父"的彼得·德鲁克曾说过一句很重要的话：管理者要集中精力做好一件事，一条原则是不让"昨天"影响"今天"，将不再具有生产性的"昨天"甩掉。

有一个小女孩，不能吃苹果。原因是，有一天她吃苹果时，吃出来一根长长黑黑的头发，她"哇"地吐了，嘴里哭喊着"苹果里有头发"。爸妈劝慰她，苹果里是不可能有头发的，一定是你把自己的头发吃进了嘴里。爸妈给她讲苹果的营养价值，还把苹果变形一下，做成了苹果沙拉、苹果酱等，结果她吃了还是吐。她哭

喊着，这辈子再也不吃苹果了。

有一个少妇，不能看月亮。原因是，夺走她心上人的那个女孩叫明月。一个夜晚，她亲耳听到心上人对明月说，你是天上的月亮，只要月亮挂在天上，我对你的爱就不会改变。后来，心上人真的娶了明月。少妇也随便嫁了个人。只是她一看见天上的月亮，就想起那个毁了她幸福的夜晚。所以，这个少妇夜晚极少出门，出门也从不抬头。

有一个富豪，不能闻鱼腥味。原因是，贫寒时代的他曾替人家卖鱼、送鱼、加工鱼，弄得每日浑身鱼腥味，家人、邻里、路人都躲着他走，只有猫喜欢接近他。后来经过奋斗，他成了富豪。但他闻到鱼腥味时，就会想起自己的贫寒时代和鱼腥味给他带来的羞辱。因此，他决不让家里人买生鱼，也决不到卖鱼的地方去，甚至终生回避猫这种动物。

如果我们紧紧抓住那些令人伤痛的记忆不放，那么，我们便会永远持有一颗脆弱的心，那是一种让人不能放松的心灵包袱。

纵观芸芸众生，有谁能一生都活得春风得意，一帆风顺，无波无澜？没有。成人世界的背后总有残缺，命运就如一叶颠簸于海上的小舟，时刻会遭受波涛无情的袭击。"万事如意"只不过是美好的祝福而已，在活生生的现实面前它总是显得如此苍白无力。因此，我们应该学会忘记，忘记过去生活中不如意事带给我们的阴影。只要退一步想一想，给人类带来光明的太阳也有黑

子，给我们以阴柔之美的月亮也有阴晴圆缺，我们就能渐渐忘记昨天生活给我们带来的伤痕，坦然地面对今天的太阳，微笑地迎接明天的生活。

该淡忘的就淡忘吧！人没必要跟过去较真。

有一个原本十分保守的女孩子，在一次外出郊游的过程中，由于一时冲动，没有把握好自己，与当时热恋中的男友发生了性行为，可是由于性格差异，他们并没有一起牵手走上红地毯。女孩对自己曾经的行为十分自责，她痛恨自己立场不坚定，也痛恨那个让她觉得"耻辱"的晚上。她对自己的失贞总是念念不忘，这使她在后来的婚姻旅途中十分不幸。她不能宽恕自己，也不能接受别人，以至于40岁的时候还是独身一人。

一件不愉快的事，乐观地看，它会很快在生活中消失；悲观地看，它可能衍生出几桩不愉快的记忆，经由这几桩不愉快的记忆牵扯出一串不愉快的情绪。被这一串不愉快的情绪折磨困扰，摆脱不了不愉快的过去，创造不了美好的未来，便会无时无刻不生活在痛苦之中。

令人伤痛的记忆要舍弃，很难，但长痛不如短痛，你必须自救。因为经历的人是你，没有人能完全将你救出，只有你自己，唯有你清楚自己哪里最痛，哪里该止痛安抚。你或许能得到他人的帮助，但关键仍在于你的自救意识及行动。

有一首老歌的歌词是"你记得也好，最好你把它忘了，那些旧梦已随风飘散！"当下不愉快的经历变成不

愉快的记忆，你必须尽最大努力，将它化为一场噩梦，让噩梦尽快随风飘散！人生犹如一场梦。今日之前，是做过的梦；今日之后，是未做的梦。梦中的事和经历，该牢记的则牢记，该淡忘的则淡忘。

忘掉带来的是释放，一个常常回头看的人，就没有机会向前看，当我们辛苦地拖着一箩筐的愤怒和不谅解时，如何能努力向前呢？因而当我们遇到不愉快的事情时，何不健忘一下？

生活中92%的烦恼是自己寻来的

心理学家认为，我们的烦恼中，有百分之四十属于杞人忧天（那些事根本不会发生），百分之三十是为此怎么烦恼也没用的既成事实，另外百分之十二是事实上并不存在的幻象，还有百分之十是日常生活中一些微不足道的小事。

生活中，我们都会有各种各样的烦恼。俗话说："家家有本难念的经"，没有烦恼的人和家庭都是不存在的。可是，你知道吗？生活中的烦恼并不是如我们想象的那样多，有92%的烦恼是自己寻来的，这些烦恼原本是不需要烦恼或即使是烦恼也没有用的。可是，我们总是意识不到这一点，我们让一些原本不需要为之烦恼的事，轻易地占据了我们的心灵。

一天晚上，在漆黑偏僻的公路上，一个年轻人的汽车抛了锚：汽车轮胎爆了！

年轻人下来翻遍了工具箱，也没有找到千斤顶。怎么办？这条路半天都不会有车辆经过，他远远望见一座亮灯的房子，便决定去那个人家借千斤顶。

在路上，年轻人不停地在想：

"要是没人来开门怎么办？"

"要是没有千斤顶怎么办？"

"要是那家伙有千斤顶，却不肯借给我，那该怎么办？"

······

顺着这种思路想下去，他越想越气，当走到那间房子前，敲开门，主人刚出来，他冲着人家劈头就是一句：

"他妈的，你那千斤顶有什么希罕的。"

弄得主人丈二和尚摸不着头脑，以为来的是个神经病人，"砰"地一声就把门关上了。

我们通常说"自寻烦恼"。仔细想想，其实哪一个烦恼不是自己找来放在脑子里的？

如果诚实地将这些烦恼列出来，女人们的烦恼大概有这些：担心自己身材不够好；担心自己长得不漂亮；担心自己找不到心目中的白马王子；担心自己没有真正的闺中密友；担心工作不顺利会被朋友笑话；担心老公会不会变心……总而言之，烦恼五花八门，每天端着一张苦瓜脸来看世界。

聪明的你，猜猜烦恼对未来有没有帮助？当然没有。以上的烦恼不是没有发生，就是烦恼了也没有用。这跟上了飞机就开始想"这飞机会不会掉下来"这个问题一样愚蠢。

心理学家认为，我们的烦恼中，有百分之四十属于

杞人忧天（那些事根本不会发生），百分之三十是为此怎么烦恼也没用的既成事实，另外百分之十二是事实上并不存在的幻象，还有百分之十是日常生活中一些微不足道的小事。也就是说，我们脑袋中百分之九十二的烦恼都是自寻烦恼，只有百分之八的烦恼勉强有一些正面意义。

那么，你要不要抛却百分之九十二的烦恼？当然要，因为只有清除掉烦恼，才有可能产生发自心底的快乐。

万一真的有那么一天你担心的情况出现了，也不会是世界末日，我很相信一句颇有人情味的话：如果上天为你关上一扇门，总会在某个地方，再为你开一扇窗。我们的头脑不该用来为自己寻找烦恼。

很多时候，事情之所以烦恼要归因于我们心态的改变。

从前，有这么一个故事：

一位诗人嫌院子里的芭蕉，风吹来发出沙沙声，雨打来滴滴答答地响，吵得人不能静心入梦，挥毫写下：

——是谁多事种芭蕉？早也潇潇，晚也潇潇。

诗人的妻子，慧心独具，戏笔完成下联：

——是君心绪太无聊，种了芭蕉，又怨芭蕉。

芭蕉可不是你自己种的吗？芭蕉是一样的芭蕉，只是你的心变了，发出杂音的，不是芭蕉，而是你呀！

所以，当我们遇上这类烦恼的事时，问问自己，是

不是自己的心态发生了改变？事情还是一样的事情，不同的心态，就会产生不同的感受。

在日常生活中，我们常常种了芭蕉，又怨芭蕉。当初喜滋滋进了大公司的人，不久就为大公司的繁杂人事而平添烦恼、早生华发；曾几何时，还因一见钟情而日夜思念，今朝情人已经变成仇人；最亲密的朋友，反变成致命的敌人，昔日的爱，变成今日的恨事。究其原因，是因不同时期心态不同处理事情的方式也就不同，烦恼也就因此产生。

也许你会说，我知道这些道理，可是我就是无法不去烦恼。那我告诉你一个公式，它可以帮你消除掉90%的烦恼。这个公式被称为威利·卡瑞尔的万灵公式。

这个公式的三个步骤是：

一、看清事实。

二、分析事实。

三、达成决定——然后马上依决定行事。

弄清事实为什么这么重要呢？因为如果我们不能把事实弄清楚，就不能很明智地解决问题。没有这些事实，我们就只能在胡乱中摸索。我们总是没有弄清楚事实，因而达不到既定目的，老是在一个令人难过的小圈子里打转，才会精神崩溃和生活难过。一旦很清楚、很确定地做出一种决定之后，50%的烦恼就会消失；在你按照决定去做之后，烦恼还可以消失40%。

如果我们把烦恼的时间，用来寻找事实，那么烦恼就会在我们智慧的光芒下消失得无影无踪。

拿得起放得下，才是精进的人生

参禅的第一步是看得破、放得下，但看得破、放得下之后，还必须认得真、担得起。这样的人生，才是圆满的人生，才是精进的人生。

我们都很熟悉一休禅师。说起一休，大家都会想到一部日本动画片《聪明的一休》。动画片中的一休，聪明机智，给大家留下了很深的印象。

聪明的一休确实很招人喜欢，但他不仅仅是个电视形象，还是一个真实的历史人物。

一休出生于1394年，是一位皇子。因为一休母亲的家族与天皇家族关系不和，一休从小就被赶出了皇宫，六岁的时候，他出家到京都的安国寺学禅。

有一天，一休打破了一个茶杯，这个茶杯是他师父非常喜爱的稀世之宝。

打碎了杯子，肯定会受到师父的批评。怎么才能逃过师父的惩罚呢？一休想到了一个办法。当师父回来的时候，他就问师父一个问题：

"师父，人为什么一定要死？"

"这是自然的事情啊。世间的一切，都是由缘分决定的，有聚就有散，有生就有死。"师傅慢腾腾地讲解道。

这时，一休恭恭敬敬地说："报告师父，现在我要告诉您老人家一个好消息：你最喜欢的那个茶杯啊，它的死期到啦！"

师父听了，哭笑不得，当然也就没有责怪一休了。

在现实生活中，我也听过这样的一件事：

有个女孩子，因为年轻时做的错误的决定，使她失去了男朋友。对这件事，女孩子非常非常地后悔，她不愿意接受已经发生的事实，终日不思茶饭，憔悴不堪，人比黄花瘦。可是即使她肝肠寸断，问题也没有得到解决。

当她知道一位禅师对禅的智慧很有心得后，就特地过去找他。听了她的经历，禅师拿出一个十分精美的杯子。禅师对她说："不要悲伤了，先欣赏欣赏这个杯子吧。"

女孩不解，但她还是按禅师的吩咐欣赏这个杯子了。杯子优美、独特的造型一下子就把她吸引住了。这时禅师一松手，杯子"啪"的一声，掉到地上，碎了。女孩非常吃惊，她发出了惋惜的声音。

禅师指着碎片对她说："你一定会对这只杯子感到惋惜。但不管你怎么惋惜，杯子已经碎了，不可能复原，不可能挽回了！我希望你从今以后，从这只杯子上

面，记住三点：

"第一，要制作成一只好杯子，非常非常的不容易。但是打碎它，却是一瞬间的事情，所以，当你拥有杯子时，要小心地珍惜。

"第二，如果杯子被打碎了，就不可能被复原。所以，当杯子不幸被打碎时，要坦荡地面对它。

"第三，如果这是一只钢化玻璃杯，它就不会被打碎。所以，你如果想要你的心不被打碎，就要把它做成一只钢化玻璃杯！"

女孩听了禅师的话很受启发，她当时就卸下了心头的千斤重担。

后来，她活得很幸福，气色比以前好得多，也比以前自信了。

当我们无法改变一件事情的时候，就要去接受它，去面对它。要端得起，更要放得下。爱的时候要放开去爱，你可以爱得天昏地暗，死去活来；但如果不如意的事情发生了，就要勇敢地去接受它，果断地去放下它。

可是，我们总是在失去的时候才明白这个道理，在该珍惜的时候我们互相猜疑、互相伤害，我们没有把这些要珍惜的东西拿起，而是让这些珍贵的爱在我们麻木的心灵中慢慢流逝。就如同《大话西游》里的经典台词一样："曾经有一份真挚的爱情摆在我的面前，我没有珍惜，如果给我再来一次的机会的话，我一定……"为什么一定要让这些悲剧重复上演呢？

该拿起的拿起，该放下的放下。

修炼当下的快乐

　　当一件事已经无法改变，当心理的负担压得太重，我们就要学会放下。

　　比如我端起一杯250克重的水，我问大家，你们可以将这杯水端在手中端多久？可能很多人会说："250克的水杯而已，端的时间再长又能怎么样！"

　　确实，端10分钟，大家肯定会觉得没问题；端10个小时，大家就会感到手酸；如果端上10天呢？那你的手臂就会出问题，就会发酸、发胀、发麻、发肿，你就得叫救护车了！

　　虽然这杯水只有250克，但是如果你放不下，端得越久，就会越重。到最后，你就会被它压垮。我们承担着压力时，如果一直把压力背着，时间一长，它就会越来越重，最后，你就会像那只骆驼一样，被一根稻草压死。

　　所以对这杯水，该端起的时候就要端起，该放下的时候就要放下。

　　参禅的第一步是看得破、放得下，但看得破、放得下之后，还必须认得真、担得起。这样的人生，才是圆满的人生，才是精进的人生。

第四章

|知足才能常乐|

　　顺境中人能快乐，逆境中人也能快乐；富贵中人能快乐，贫穷中人也能快乐；物质世界中人能快乐，精神世界中人也能快乐。每个人心中都有一朵可以快乐的花，时时需要阳光与呵护。只要有一颗知足的心，享受简单的幸福、当下的富足，就可以使快乐之花永不枯萎。

认识自己的宝藏，打开快乐之门

> 我们追求的不是幸福，而是比别人幸福，这就是痛苦的根源。

你为什么不快乐？你想过其中的原因吗？

我们追求的不是幸福，而是比别人幸福，这就是痛苦的根源。在比较、攀缘中，我们迷失了自家宝藏，追逐名利、财富、权势、色欲，形成了极不和谐的现象：物质在进步，素质在下滑；欲望在膨胀，精神在萎缩……

所以，认识自家宝藏，打开快乐之门，就是我们的当务之急。

芸芸众生，终其一生都在奔波追求，希望寻找生命中最有价值的东西，却很少有人知道，我们自己的心灵感受才是最有价值的。

我们用什么眼光来看待自己，就决定了我们的心灵是快乐还是苦闷。用压泡菜坛子的眼光来看自己，自己就成了压泡菜的石头；用钻石的眼光来看自己，自己就成了价值连城的钻石。这颗价值连城的钻石，不是你拥有的香车豪宅，财富地位，而是你拥有的从容淡定、乐

观开朗、积极饱满的禅悦心态。

追求金钱的人，心中只有金钱；追求权势的人，心中只有权势；追求豪宅的人，心中只有豪宅。我们在无穷无尽的追逐之中，成了金钱的奴隶、权势的奴隶、房子的奴隶，迷失了自家的宝藏。

当一个人迷失了自家宝藏的时候，即使你拥有再高的地位，再多的财富，到头来仍然会走入绝境。

一个愁眉不展的富翁，把所有积蓄装进一个麻袋扛在身上，四处寻找快乐。他在胸前贴了一张纸条：如果有人给我快乐，我就把全部的财产给他。

有一天，他在树下休息，旁边有位智者趁他不注意，抢了他的财产就跑，他为了追这个"抢匪"，跑了一趟马拉松。跑了很久之后，"抢匪"突然停下来，把麻袋丢回去。有钱人重获失物，喜极而泣。

"现在你快乐吗？"智者问。

"我很快乐。"富翁情不自禁地回答。

现在请你想一想，如果把你现在拥有的美好的东西都拿走，你会如何？

感受一下失而复得的情绪吧。

不过是在一念之间，你有能力让自己快乐。

人类最大的悲哀在于，我们永远只去羡慕别人，看着别人，对自己已拥有的东西却不在意，也不知道珍惜。

父母总是抱怨孩子们不够听话，孩子们总是抱怨父

母不理解他们；男朋友抱怨女朋友不够温柔，女朋友抱怨男朋友不够体贴。他们从未想过，拥有完整的家庭，父母健在，小孩健康，有爱人呵护是一件多么幸福的事。

很多时候，我们总是身在福中不知福。

有一个女人，下班后就钻到厨房里，然后等着丈夫的电话，被告知是否回来吃饭，日复一日，她终于心生厌倦。这种厌倦让她产生了错觉，以为彼此之间没有爱了，到了七年之痒的阶段。她不再为他准备好的油条豆浆而感动，不再听到他上楼的脚步声就心跳。她把心事说给了一个离了婚的女友，女友嗔笑她身在福中不知福。

女友对她说："没有人早起为我买豆浆，没有人下雨给我送一把伞，也没有人打电话告诉我降温了要多穿衣服。"女友说的时候，脸上淡淡地笑着，没有抱怨。她接着说："抱怨也不会给我带来幸福，幸福是我的一种感觉。当春暖花开，当夜雨听荷，当我一个人在楼顶上念英语时，当我去超市买一包打折的卫生纸，我觉得我是幸福的。甚至，在兜里还有五块钱的时候，我买两块油炸面包，一边吃着一边想着明天去哪里挣钱，我快乐，因为手里有两块面包。"

女友的生活让她理解了那些早晨起来为儿子煮牛奶的母亲，理解了那些为爱情跑很远的路给女友买小笼包和玫瑰花的男生，也理解了丈夫说希望回家时一抬头可以看到家里亮着灯。原来幸福一直都在自己身边，在每

个缝隙里游走。

　　拥有一颗知足感恩的心，我们便会懂得珍惜，感受到快乐。

　　我们生活中有一条重要的法则：感激之情是一股强大的力量，它能将一切好的事情吸引到我们身边来。当我们努力将感恩作为一种经常性的习惯来实践时，我们的生活就会明显地变好，变得很好，然后就会变得好极了！世界就会经常性地回应我们的感恩态度，向我们提供更多的机会，让我们认识更多的朋友，生活自然也就顺利了。保持感恩的心态，我们就会知足，就会常乐。

什么是真正的富有

我们经常为丢了双鞋而懊恼，走到街上却发现有人少了双腿。金钱也许是财富中最不重要的一种呢；我们可以利用合法途径去挣钱，但不能被金钱奴役，富有不能仅仅用金钱来衡量，幸福不能用金钱来量化。

什么是真正的富有？生活中，我们总是将眼光放在周围的事物上，我们不断地追求这个追求那个，我们被欲望捆住了手脚，变成了欲望的奴隶，于是我们变得越来越不快乐，我们从来没有将眼光投到自己的身上，意识到什么是真正的富有。

我们其实都拥有很多财富，只是我们经常忽视它。

一位年轻人成天闷闷不乐，抱怨自己的贫困。一天，他去找一位算卦先生，问自己何时才能拥有财富。

老先生慢悠悠地说："小伙子，你现在就有很多财富啊！"

"在哪里？"年轻人急切地问。

"在你身上。你的眼睛是财富，你用它看见世界上美好的东西，还可以读书学习；你的双手是财富，你可以用它劳动工作，还可以拥抱心爱的人；你的双腿是财富，你可以健步如飞，去任何你想去的地方；还有大脑、心灵……"

"这也是财富？这些人人都有啊！"

"这是财富，小伙子。你拥有的这些并不是人人都能够幸运地拥有，比如说你愿意把眼睛给我吗？我可以给你很多钱。还有，虽然许多人都有这些财富，他们却并没有意识到。他们的心里不但没有对上苍的感激之情，还在不停地抱怨上苍对他的不公。当你不幸失去它们中的任何一个时，你才能体会到它们的可贵呀。"

我们经常为了丢双鞋而懊恼，走到街上却发现有人少了双腿。金钱也许是财富中最不重要的一种呢，我们可以利用合法途径去挣钱，但不能被金钱奴役，富有不能仅仅用金钱来衡量，幸福不能用金钱来量化。

现在，让我们来清点一下自己的财富：

如果早上你发现自己又一次醒来，你就比在这一周离开人世的100万人更有福气。

如果你从未经历过战争的残酷、被囚禁的孤寂、受折磨的痛苦和忍饥挨饿的难受……你已经好过世界上5亿人。

如果你的冰箱里有食物，身上有足够的衣服，有屋容身，你已经比世界上70%的人更富足。

如果你银行账户有存款，钱包里有现金，你已经身居世界上最富有的8%的人之列。

　　如果你的双亲仍然在世，并且没有分居或离婚，你已属于稀少的一群。

　　如果你能握着一个人的手，拥抱他，或者只是在他的肩膀上拍一下……你的确很幸福——因为你还有朋友、恋人或是亲人。

　　如果你能抬起头，带着笑容，内心充满感恩的心情，你是真的幸福——因为世界上大部分的人都能做到，但是，他们没有。

　　如果你能读到这段文字，那么，你更是拥有莫大的福气，你比20亿不能阅读的人更幸福。

　　看到这里，请你非常认真地对自己说一句："哇，原来我是这么富有的人。"是的，想想这些，你还有什么不快乐的呢？用另一种心态看待生活，其实我们拥有的很多，不要将时间浪费在那些没有意义的事情上面，在叹息中度过，只会让自己的身心越趋贫乏。

　　要摆脱外在事物的控制，使它不再像雪球一样越来越大，不再像茧子一样越来越厚，最关键的就是要平熄心中的欲望之火，回归本心，回归本我，不受外物的控制，从容自在地驱遣这些外物，这就是"以我转物"。

　　以我转物，就可以获得心灵的快乐与宁静。

对自己已经拥有的感到满意

你为在春天的时候丢掉了一粒种子而苦恼，哪知道秋天的时候你有意外的收获。我们很少想到我们已经拥有的，而总是想到我们所没有的。

真正地活在当下，就要对自己的现状满意，要相信每一个时刻发生在你身上的事情都是最好的，要相信自己的生命正以最好的方式展开。如果你对现状不满意，怎么办呢？试着换一种角度来看问题。

一个先生早点出门指望正点到达公司，结果在路上发生了追尾，赔偿别人300元钱。他跟朋友抱怨，如果晚点出门就好了，就不会遇上这倒霉的事情。朋友说你就知足吧，如果晚出来没准儿你赔1000块钱呢，或许还有更坏的事情出现。

有这样一个经典的故事：

他们蜷缩在风门里面——是两个衣着破烂的孩子。

"有旧报纸吗，太太？"

那位女士正在忙活着，她本想说没有——可是她看到了孩子的脚。他们穿着瘦小的凉鞋，上面沾满了雪

水。"进来，我给你们喝杯热可可奶。"他们没有答话，他们那湿透的凉鞋在炉边留下了痕迹。

她给他们端来可可奶、吐司面包和果酱，为的是让他们抵御外面的风寒。之后，她又返回厨房，接着做家庭预算……

她觉得前面屋里很静，便向里面看了一眼。

那个女孩把空了的杯子拿在手上，看着它。那男孩用很平淡的语气问："太太……你很有钱吗？"

"我有钱吗？上帝，不！"女士看着自己寒酸的外衣说。

那个女孩把杯子放进盘子里，小心翼翼地，"您的杯子和盘子很配套。"

然后他们就走了，带着他们用以御寒的旧报纸。他们没有说一句谢谢。他们不需要说，他们已经做了比说谢谢还要多的事情。蓝色瓷杯和磁盘虽然是俭朴的，但它们很配套。她捡出土豆并拌上肉汁，土豆和棕色的肉汁。她有一间屋住，丈夫有一份稳定的工作——这些事情都很配套。

她把椅子移回炉边，打扫着卧室。那小凉鞋踩的泥印子依然留在炉边，女士让它们留在那里，以免她忘了自己是多么富有。

我们现有的这一切都很配套，很和谐，尽管我们没有可供挥霍浪费的钱，可照样可以生活得很富有，很快乐，不是吗？

快乐跟金钱的多少从来没有必然的联系，金钱多有

多的快乐与烦恼，少也有少的快乐与烦恼。我们要保持一种进取的行为，同时要保持一种对自己已拥有的感到满意的心态。

制药集团有一个老工程师，就在车间做工程师，他经常抱怨。"同学当官的当官，发财的发财，就我混得最惨。"由于他经常抱怨，同事关系紧张，家人也不待见他，终于有一天得了精神分裂症，进了精神病医院。

如果你抱怨不好，那是你不知道还有更坏，如果你抱怨这次晋升没有你，在气氛郁闷中你会得病，如果你病了，你的竞争力就会下降，不但下次晋升没有你，你的身体也差了，做一个健康的人都不能了。

当生存没有问题以后，多赚点少赚点没有关系，升高点降低点没有关系。先生存后发展。

在生活中人们的欲望越来越强烈，有小房子的时候想要大房子，有了大房子想要买别墅；有了房子还想要车，有了车子后还想着换豪华轿车；赚到一万的时候想十万，赚了十万的时候想百万，赚到百万的时候想千万……

一个接着一个的欲望，无休无止，我们就忙个不停，转个不停，就像那只陀螺，被欲望的鞭子抽打着，无休无止地转动。

其实，拿鞭子抽打着我们的，不是别人，正是我们自己。

被抽打的陀螺，转得越来越快。但不管它转得有多快，结局却只有一个，那就是到了最后，仍然不得不停下来。

　　当这只陀螺不得已停下来的时候，它感觉到的，就只剩下绝望和痛苦了。

　　当发生一件事情时，总是存在着好与坏两种机遇，也许某时刻你认为自己遇上了倒霉事，在下一时刻，可能这个倒霉事会给你带来另一种不同的机遇，是好是坏谁能说得清呢？你为在春天的时候丢掉了一粒种子而苦恼，哪知道秋天的时候你有意外的收获。我们很少想到我们已经拥有的，而总是想到我们所没有的。珍惜我们已经拥有的，我们就会拥有更多的快乐。

偶尔向下比较一下又何妨

> 向下比较的目的是为了让心乐观，不是诅咒别人更差，对别人的不幸不是幸灾乐祸，而是对自己的状态知足。

有一副图很形象地展示了我们大多数人的生活状态：我们就像在攀爬一座山崖，绝大部分的人都一直伸长着脖子往上看，心里变得焦躁和烦闷，什么时候才能跟他们一样爬到山顶啊？很少有人向下看一看，还有很多人在你的后面呢。

有一则笑话：一只猴子在爬树，往上看全是猴子屁股，往下看全是猴子笑脸，往左右看全是猴子耳目。忠告是，祝你的人生少看到猴子屁股，多看到猴子笑脸。

我们在"爬山"的时候，不要总是保持同一种姿势，要知道，总是保持同一个姿势多累啊。我们不仅可以向上看，时不时地也要向左右、向下看看，这样，才能有攀爬的乐趣，才能欣赏到沿途的风景。

一味地埋头往上爬，爬到山顶的风景是怎样呢？或许只是一棵孤独的树和几块大石头。你得到的不仅是失望，而且连中途美丽的风景也错过了。

常言道：高处不胜寒。爬到高处的人，他们的心态

你知道吗？他们的烦恼你又能体会得到吗？

人什么时候会快乐？当发现别人比自己差的时候。虽然自己有不尽人意的事情，但是同更倒霉的人相比，自己还是幸运的。实事求是地说，确实如此。

苏北在上大学的时候，有一次她正在水房洗衣服，这时停水了。她怒气冲冲地端着盆回到宿舍，发现同寝室一个女同学浑身泡沫站在那里，人家正在洗澡没有水了。她哈哈大笑起来，自己的火气消失了。

偶尔向下比较一下是你获取快乐的小秘诀，比上不足，比下有余。当然，向下比较的目的是为了让心乐观，不是诅咒别人更差，不是对别人的不幸幸灾乐祸，而是对自己的状态知足。

成功学总是告诉我们，不想当元帅的士兵不是好士兵，不想当船长的水手不是好水手。但是很遗憾，当船长的只有一人，其余的人都是水手，能当船长的机率是很小的。想要成功没有错，但如果不善于向下比较，总是对当前状况不满意，那你就会永远生活在痛苦中。

别从窗口去看别人的生活

> 我们总是把最美好的想象强加于人，以自己的理解来体验别人的生活。我们不愿意探望那些逼仄、粗露的窘境，只愿意隔着窗瞧一眼华美的、完整的、隔岸的幸福。

美籍华人著名心理学家李恕信在《潇洒的母亲》一书中讲了这样一个故事。

一个小女孩趴在窗台上，看窗外的人正埋葬她心爱的小狗，不禁泪流满面，悲恸不已。她的外祖父见状，连忙引她到另一个窗口，让她欣赏他的玫瑰花园。果然小女孩的愁云为之一扫，心情顿时明朗。老人托起外孙女的下巴说："孩子，你开错了窗户。"

开了不同的窗户，看到不同的场景。在不同的时刻，在同一扇窗户前，看到的场景往往也是不同的。

看到这里，我忽然想起自己曾经读过的一本小说《婚姻之痒》。故事中的主人公，过着平实的生活，可是她却不安于现状，羡慕别人的生活。她的丈夫是一个

小职员，工资低，但对她呵护有加。她却很不满足，内心总是嫌弃丈夫没有能耐，暗中羡慕同事有一个当官的丈夫，常出入高档场所，穿戴很入时。可是，有一天她逛商店，无意中听到了那个她羡慕的女人与一个朋友的对话，她才感受到自己的生活是多么幸福。

那女人说，她最羡慕单位的小雅（故事的主人公）。小雅有一个踏实厚道的丈夫，对她呵护百倍，真羡慕小雅丈夫对她的那种体贴；而自己的丈夫经常忙工作上的事，没有时间陪她聊天，更不要说共进晚餐。其实她就是想过一种平实的生活……

真的，有太多的人，只是从表面来感受或是体会他人的幸福。其实，别人的生活也不一定像我们表面见到的那般风光。

做生意的，每天为生意奔波，夫妻聚少离多。虽然经济上很富裕，但谁知道他们内心的压力与苦恼，又有谁理解成功背后付出的汗水与艰辛？

当官的，表面显得风光无限，但有几人知道频繁应酬带给他们的无奈与苦恼。每天背着多沉重的思想负担：上面要相处好，下面要维护好，家里还要打点好。其中的滋味只有当事人自己能体会。

多数人，总是对别人的生活充满羡慕，抱怨自己没有当官，没有发大财。其实我们对于他人的生活就好像隔窗而望，更多的是自己的想象。对幸福的想象力太丰富，总是把最美好的想象强加于人，以自己的理解来体验别人的生活。我们不愿意探望那些逼仄、粗露的窘境，只愿意瞧一眼华美的、完整的、隔岸的幸福。

修炼当下的快乐

　　多数人觉得人家风光无限，几乎是风调雨顺，坐享其成，或者是少劳多获，幸运无比，心想事成。

　　总是要等到有足够的生活经验和磨难之后，才会想到他的风光和荣耀，也许需要付出汗水和努力才可得到吧。

　　其实平实的生活何尝不是我们寻常人所向往的呢。家庭和美，虽然不是大富大贵，但也是衣食无忧。父母健在，其乐融融……

　　生活越简单才会越快乐。心态决定心情。

　　我们所看到的，不是我们所能看到的全部。换一个角度，换一个视角，换一个距离，我们也许会从同一个窗口看到另一场风景。

　　生活的启示，重要的在于我们所观赏风景的心情。

有事做就是最大的快乐

> 有事做，证明你正值可以做事的年龄；有事做，证明你的身体还比较健康；有事做，证明你可以向社会展示自己的价值；有事做，证明你至少可以不为自己的一日三餐发愁……有事做就是快乐的。

我曾经在一次演讲中对幸福做了注脚："幸福是一种感觉。男人的幸福穿在身上，女人的幸福写在脸上。幸福的标准在不同人的眼里各有不同，但只要你的内心感觉是充盈的，你就是幸福的。"可是，在与一位老教授的交谈中，他对幸福的注脚却深深触动了我，他说："有事做就是最大的快乐。"

老教授忙碌了一辈子，如今已退休在家。可他怎么也不习惯眼下的这种生活，他说忙惯了，不忙的话总感觉缺点什么，整日在家闲着没事做真是一种痛苦。

没错，有事做就是最大的快乐！你看到过路边的交通协管员吗？他们大多是退休的老头老太太，他们并不是为了赚那一点点小钱，而是为了让自己的晚年有点事做，为社会发挥自己的一点点余热，向社会证明自己的存在和价值。

修炼当下的快乐

有事做，证明你正值可以做事的年龄；有事做，证明你的身体还比较健康；有事做，证明你可以向社会展示自己的价值；有事做，证明你至少可以不为自己的一日三餐发愁……有事做就是快乐的，可是，很少人有能想到这一点，我们只是看到眼前的利益，常为工作当中出现的各种事情喋喋不休。但是，如果当你被告知失去这份工作时，你会是何种想法？

在网上看到一篇博客上的一段文字：

前些日子，一个好姐妹突然跟我说：当她身上一分钱也没有等着发工资的时候，她才发现，这份工作对她有多重要。

是，当我还是个菜鸟的时候，是这份工作给了我成长的平台。让我认识更多的人，知道更多的知识，学到更多的技能，而当我处于现在这个阶段的时候，我懂得去关注专业以外的更多东西。

我应该好好感谢我的工作啊，因为是它给了我饭吃。就算现在还有很多不足，但努力在不足中做好自己吧！

这世界，完美的工作如完美的人一样，根本不存在。

是的，工作是人的安身立命之本。工作为你展示了广阔的发展空间，工作为你提供了施展才华的平台。工作着就是快乐的。

社会上的人大致可以分为两类，一类是躺着过日子

的人，一类是站着干工作的人。躺着过日子的人，舒舒服服，大好的时光在舒服中流失。他们大多数人将面临"今天工作不努力，明天努力找工作"的境况。而站着干工作的人，虽历经艰辛，但付出换来的是成就、辉煌和快乐。

一位名叫约翰·富兰克林·史密斯的教授，曾在奥特宾大学教语言和戏剧，直到70岁才退休。退休后短短几个月时间，他无法忍受离开学校，离开学生的生活，于是又到学校去讨工作，学校无法拂逆老教授的心，给了他一份清洁工的工作——打扫学校体育馆的卫生。他欣然接受了这份工作，又兢兢业业地工作了15年，85岁他才退休。记者问他，做教授与清洁工，哪种工作更让他满意？他笑答："我认为，在人生的每个年龄段，都应该去寻找能适应自己的工作，或做教授或做清洁工，工作着就是快乐的，这也是老人躲避死亡的手段。尽管我85岁了，但世界上还有许多值得我期待的乐趣……我要让生活充满快乐！"

工作着就是快乐的。工作不仅是为了满足生存的需要，同时也是实现个人人生价值的需要，一个人总不能无所事事地终老一生，而应该试着将自己的爱好与所从事的工作结合起来，无论做什么，都要乐在其中，而且要真心热爱自己所做的事。

除此之外，让自己有事做，就可以把烦恼驱逐出大脑，让我们重获快乐。为什么"让自己忙着"这么简单

的方法，就能把烦恼赶出大脑呢？原因很简单，根据心理学家的研究，通常情况下，人们不可能在同一时间考虑一件以上的事情。我们不能在满腔热情、兴致勃勃地投身于一件有趣的事情的同时，又为另一件不快的事而烦恼。

别为那些无谓的事情烦恼了！立即行动起来，投入有趣的事情中！钓鱼、打猎、打球、拍照片、种花，以及跳舞等等，这样，你的血液就会沸腾，你的头脑就会清醒，你那奔放的活力就会把愁闷驱散。

人的生命价值在于有用，让自己有事可做，充分实现自己的自我价值，这也是一种快乐。

生命就像一团火，你向生命之火取暖，当火熄灭的时候，也许就是你该走的时候。当你不再为这个世界付出的时候，你的生命之火也就熄灭了。

修炼当下的力量

> 当下的生活，只要我们用心去感受，就有快乐和幸福，它的本身，就是一座供我们终生受用不尽的金矿。

活在当下，它的真正涵义来自于禅，禅师知道什么是活在当下。有人问一位禅师，什么是活在当下？禅师回答，吃饭就是吃饭，睡觉就是睡觉，这就叫活在当下，就是要求我们过好现在的生活。

当下的生活，只要我们用心去感受，就有快乐和幸福，它的本身，就是一座供我们终生受用不尽的金矿。

有家杂志开展了一项"征画活动"，奖金高达10万美元。征画的主题是"如果世界末日来临，你要做什么？"

来自全国各地的作品像雪片一样飞来。大家为了赢得这场比赛，得到高额奖金，每位应征的人都把想象力发挥到了极致。

有的画描绘了一对情侣，在世界的最后时刻互相拥在一起，一边喝酒一边亲吻；

有的画描绘了一些白领人士，在世界的最后时刻坐

在马路上，大哭大笑，焚烧钞票；

有的画描绘了一些人，在世界的最后时刻乘上宇宙飞船，逃到其他星球去。

……

在堆积如山的作品中，最后获得10万美金的却是一个残疾女孩的一幅素描。

她画了一个平凡的家庭，妻子在厨房里洗碗，丈夫坐在沙发上看报，两个小男孩坐在地板上摆积木。

评委们一致认为这幅画是这次"征画活动"的最佳作品。因为，这幅画平凡、简单，却又有真实而深长的意义。

像这样的平凡家庭在生活中随处可见，这样的场景也每时每刻会在无数的家庭中发生，但是，我们往往对此熟视无睹，身临其境的时候，也不知道加以珍惜。

我们都在追求不平凡的生活，认为拥有高档的车子、豪华的房子、巨多的财富、显赫的权势才是生活的目的。为了达到这个目的，一辈子要付出巨大的艰辛，承受巨大的压力。

其实，我们当下都可以拥有的平凡而快乐的生活，就是我们每个人的自家宝藏。

美国教育学家威廉·杜朗曾经现身说法，揭示幸福的含义，他是这样寻找幸福的：

他想从金钱里寻找幸福，认为只要有足够的金钱就可以得到幸福的生活。可是金钱并没有使他感到幸福，他得到的只是烦恼。

他想从感情中寻找幸福，结果他和意中人分道扬镳，和好朋友反目成仇，他得到的只是悲伤。

他想从旅行中寻找幸福，结果走遍了世界，踏遍了千山万水，他得到的只是疲惫。

他尝试着用了几乎所有他能想到的方法来寻找幸福，到最后才发现都是一场空。

疲惫的他打算放弃寻找了。然而，有一天，在火车站，他看到一个少妇，抱着一个熟睡的婴儿，坐在一辆小汽车里。这时，一位中年男子从刚刚进站的火车上走下来，来到汽车旁。他深情吻了一下妻子，又在婴儿的额头上轻轻地吻了一下，生怕惊醒了婴儿。然后，一家人开车离去了。

看到这一幕，这位教育家恍然大悟，原来幸福就是如此简单。我们当下所拥有的快乐的生活，就是人生最大的幸福。

在日常生活中，谁也不能完全摆脱烦恼，只要有情有欲，就会有烦恼。从婴儿呱呱落地起，要吃奶，要保暖，要适应这个新的世界，种种烦恼也就接踵而来。要长大，上幼儿园，有烦恼；开始上学，应付各种考试，有烦恼；好不容易考上大学，所学专业不喜欢，有烦恼；少男少女为情所困，有烦恼；毕业了，是考研还是到国企，是留在国内还是出国，有烦恼；工作了，买房、买车、结婚、生子，有了孩子，孩子抚养、入托、上学等等，有烦恼；人到中年，替老少操心，有烦恼……

常言道：家家都有难念的经，人人都有烦心的事。

人有七情六欲，喜、怒、忧、思、悲、恐、惊。生活跌宕起伏，酸甜苦辣，人之常情。关键是我们对它的认识、理解、对待、处理和调控。

因此，活在当下，就是要"在这里，在现在。"人不能没有过去，但不能总是沉迷过去；人不能不去规划未来，但不能总是沉浸于未来。总是沉迷于过去，就会失去现在，使现在活得不像现在；总是沉浸于未来，或者活在虚无缥缈的幻想中，或者因为背负着未来沉重的压力，同样使现在活得不像现在。活在当下，就是要珍视现在，以现在为基础，抓住现在才会忘记过去，抓住现在才会把握未来。活在当下才会抓住现在，把握现在才能成就未来。

学会享受生活的瞬间

> 我们很多人总是遥望着远处遥不可及的快乐，却不知道在星期天下雨的午后如何自处。

生活像一串珍珠项链，一个个的瞬间就是一颗颗珍珠，把每个美好的瞬间积累起来，积累瞬间才能做成项链。你现在能够回忆起来的都是一个个的时间点，你将来能够回忆起来的也还是一个个的时间点，所以创造体验美好事件的机会，享受每个美好的时光，记住每个美好的场景。

生活中你有这样的感受吗？下班时，匆匆赶回家，来不及休息一下，就开始急急忙忙地做饭，收拾家务。一整晚下来，好像你都在不停地忙着，而且因为自己急躁的心情，会不时地数落一下孩子或是爱人，你的心里不开心，也惹得周围的人不高兴。那么，我们来换种方法。当你匆匆赶回家时，请先给自己几分钟，整理平复一下自己的心情，享受这几分钟的瞬间：可以陪孩子说说话，看会电视，或和爱人聊聊天。稍事停顿之后，再去做饭。我可以保证，虽然只是几分钟，但是整晚，你都会是从容不迫的，心情还会是愉悦的。为什么会有这

么大的差别呢？因为心境的不同。你一个人的坏心情，可能会影响一家人的感受，而你快乐的心情，也一定会感染到家人。一家人其乐融融不是好过恶语相向吗？

把孩子的微笑当作珍宝，在帮助朋友时得到满足，与好书里的人物共欢乐。生命是由一个个瞬间串起来的，要学会享受瞬间。压力越来越大，节奏越来越快，人越来越忙。要学会忙里偷闲，不放弃每个休闲机会。

我们很多人总是遥望着远处遥不可及的快乐，却不知道在星期天下雨的午后如何自处。

每个人心中，似乎都有一块遥远的梦土。也许是对现实生活的无能为力吧！我们习惯于把梦想放在遥远的未来，对将来总是比现在感兴趣得多。

"等我退休，就可以去环游世界……"

"等我有一笔钱，我一定要回乡下去，买一块地，自己种菜吃。"

"这里的生活环境太差了，交通拥挤、人心险恶、乌烟瘴气，人家说新西兰是人间天堂，将来我老了，一定要移民到那边……"

想想，这跟小时候考试每次考不好，发誓下次好好努力，却没努力过一样。

未来来了，未来的梦想还在未来；明天变成今天，今天的希望还在明天。真正完成的人很少。

啊，人类真是因梦想而伟大的吗？

有些梦想，不过是对现实的嗟叹，它并不是驱策人生的动力，而只是抱怨的借口。我们不断地在找借口，而不肯在现在就努力地踏出第一步。其实，让自己对现

实生活稍微满意并不难，只要不让烦燥在不满中如细菌般滋生就可以了。

困扰人生的梦想，只是烦恼。

我一直记得美国女作家苏珊·俄兹的话："许多渴望永恒的人，却不知道在星期天下雨的午后如何自处。"

许多梦想，使我们的此时此刻充满了灰色的情绪，恍恍惚惚，模模糊糊；使我们不屑于生活在这一刻。其实，只有这一刻才是真实的。

会为小事高兴，就会有更大的高兴的事情出现。一个整天抱怨不公平的人，得到了公平他也不会认为是公平的。别人为你做了一点好事情，赶紧欣赏他，就会有更多好事情出现。

两个太太逛街，碰到了便宜衬衫，两人都给先生买了一件。甲先生一穿挺合身，很高兴。乙先生一看便宜衬衫，说这是啥破玩意儿，他这么高层次的人怎么能穿这么便宜的衬衫，把衬衫扔一边了。

给先生买衬衫本是一件平常的事，甲先生懂得尊重，懂得享受生活的瞬间，乙先生则不然。两位太太的心情当然就不一样，甲先生的太太在先生穿上衬衫的瞬间也享受到了快乐，乙先生的太太估计再也不会给先生买东西了。

学会享受生活的瞬间，才是真正地活在当下。

简单的生活就是快乐

> 简单生活，是一种丰富、健康、和谐、悠闲的生活；简单生活，是经过深思熟虑之后，表现真实自我，目标明确的生活。简单生活，才能活出真正的自己。

2005年，《新周刊》曾以"中国欲望榜"作为题目，做过一次网络调查，结果排在第一位的是挣"更多的钱"（72.7%），接下来还有"开名车"、"住别墅"、"做老板"、"中大奖"、"交桃花运"等等。

"工作第一，生活第二"正在成为中国年轻白领的生存信条。身心疲惫的年轻白领，经常抱怨生活，各种事情都索然无味。"枯燥""单调"成为他们描述自己生活最常用的词汇。

其实，简单的生活是可能的，我们无需过多的金钱，就能享受到快乐的生活。

一位富翁发现一个渔夫躺在船边抽烟斗，他感到十分惊讶。

"你为什么不钓鱼啊？"富翁问道。

"因为我今天捕的鱼已经足够了。"渔夫答道。

"你可以再多捕些呀。"富翁说。

"捕那么多干嘛？"渔夫悠闲地答道。

"赚更多的钱啊。这样你就可以在你的船上安装引擎，到更深的水域去捕更多的鱼。然后你就有钱买更结实的网，捕的鱼也更多。很快你就有足够的钱买两艘船甚至可能拥有一个船队。那样你就能像我一样富有。"富翁饶有兴致地解释道。

"然后我做什么呢？"渔夫问道。

"有了钱，你就可以休息一下，享受这美好的生活了。"富翁答道。

"那你认为我现在在干什么呢？"渔夫笑着说。

作家安妮宝贝写过一位美国女教师的故事。

一位在大学里教书的美国女人，在意大利乡下托斯卡纳买了一座旧房子。她亲手在周围的田野种上了橄榄、葡萄和香草，她用一本蓝色笔记本记录自己在此过程中的发现、漫游和日常生活，并在里面塞满了菜单、绘画明信片、诗歌和花园的图样。

她写下如何制作桃子酱，油漆旧房子的百叶窗，种植玫瑰，山野的良辰美景，烹饪意大利式菜以及在早晨一边喝咖啡一边看广场上的农民卖西红柿的情景。这本蓝色笔记本，后来被整理出版，成为畅销书榜上一本充满观感的迷人的书。

我们莫名其妙地忙碌着，被胡乱的杂事、杂务、尤

其是杂念包围，一颗颗跳动的心被挤压成了有气无力的皮球，在坚硬的现实中惯性地滚动着。

当我们为了拥有一幢豪华别墅，一辆漂亮小汽车，加班加点地拼命工作，以致疲惫得在电视机前倒下时；或者为了一次小小的提升，而默默忍受上司苛刻的指责，并一年到头赔尽笑脸时，看到这样的故事总是一种欣慰，它能给人一种启发，让人领悟，原来生活可以这样过。

简单的生活是可能的。你完全可以缩减无谓的、较不重要的事物，对基本的、重要的事物付出更多关怀。你可以是一个从事闲散职业、住小房子、开普通车的人，按照内心的意愿，去与身边的人尝试建立密切的关系。它要求你对别人付出真正的好奇和善意，彼此了解、发现和尊重，以及真实地相处。

简单生活，是一种丰富、健康、和谐、悠闲的生活；简单生活，是经过深思熟虑之后，表现真实自我，目标明确的生活。简单生活，才能活出真正的自己。

第五章

|生活再苦也要笑一笑|

每个人在成长道路上，都不可避免地会遇到挫折。许多人为自己的命运哭泣，这使得不快乐成了一种习惯。其实，困境是上天赐予的礼物，问题中孕育着机会，磨难是改变人生的契机。生活再苦，也要快乐地迎接每一天，在失败中不放弃奋斗，在挫折中不忘却追求。

人生在世，笑对酸甜苦辣

无论我们品尝到生活给予我们的哪一种味道，都是上天的一种恩赐，没有经历风雨怎能见彩虹。

人生就像一个百味瓶，酸甜苦辣才是生活的佐料。大多数人都向往着蜜罐似的生活，在这种安逸、甜蜜的生活状态下，他面带微笑、快乐地活着。可是生活不可能停留在一种状态，当生活的急转弯出现时，如果没有坚强的性格，积极的人生观，很容易一蹶不振。所以，无论我们品尝到生活给予我们的哪一种味道，都是上天的一种恩赐，没有经历风雨怎能见彩虹。在短短几十年的人生路上，快乐生活的关键是拥有一种洒脱的魄力，能够微笑地面对每一天。

人的一生会出现两种境况：顺境和逆境。每一个人或许都能微笑地面对顺境，但是能够做到微笑面对逆境的却少之又少。你也许会说，什么，我对困难微笑？这不是开玩笑吗？困难如蛇蝎毒虫般恐惧，我哭都来不及呢。然而，越是有大成就、大作为的人，越是会坦然地面对困难。他们的经历告诉我们，磨难和困境才是帮助他们成功的动力。

修炼当下的快乐

巴尔扎克曾经说过："逆境，是天才的进身之阶，信徒的洗补之水，能人的无价之宝，弱者的无底之渊。"

中国万向集团总裁鲁冠球，曾在世界著名财经杂志《福布斯》统计的中国内地富豪榜中排名第四。他是一个白手起家的企业家，更是一个不怕困难、艰苦创业的强者。从白手起家到如今的飞黄腾达，这中间的困难或许不是你我所能想象的。鲁冠球因为这些困难怕了吗？止步了吗？没有。让我们来看看这个人生的掌控者是如何微笑地走出困境的。

鲁冠球15岁时便已辍学，当了一个打铁的小学徒，经过3年的学徒生活，鲁冠球对机械农具非常熟悉，对机械设备产生了一种特殊的情感。1969年他大胆接管了宁围公社农机厂。

事实上，当时的这个农机修配厂是一个只有84平方米破厂房的烂摊子，经济效益不好，以前生产的万向节产品仍然大量积压在库房中，眼看着有支撑不下去的倾向。

由于没有销路，厂子已经有半年不能按时给职工发工资了。面对着刚接过手的难题，鲁冠球没有退缩，也没有愁眉苦脸，他积极地行动起来，仔细分析厂子的情况，对症下药。

另外，他总是面带笑容，不但给了自己鼓励，也把整个厂子的气氛带动起来，人人都觉得这笑容就是代表这厂子有救了。鲁冠球组织30多名业务骨干，兵分几

路，天南海北，到处探听汽车万向节的生产销售情况，周旋于各地汽车零配件公司之间，为产品找到了销路。

后来，他又将一个铁匠铺向汽车零部件生产的方向转变，一步一步地从困难中走向了光明。

鲁冠球曾说："面对挫折和失望，我曾经独自徘徊在钱塘江畔。当时，看到那滚滚波涛，压在胸口的苦闷和失望一下子烟消云散，我对人生又充满了激情和希望。我不相信命运对我总是如此无情。而我承受苦闷和失望的心态，就是在记不清多少次的苦闷和失望中炼成的！"

当所有的人对他今天的显赫成绩羡慕不已时，又有几个人会想到，其实他也是从困境中一步一步走出来的。在三十多年的成长历程中，他带领着企业经历了无数次的磨难，在这些困境中不断摸索，才找到了正确的方向，创造了中国的跨国集团公司。

困境是上天赐予的礼物，你只有微笑地去接受它，打开它，把它弄明白，你或许才能真正享受到上天的恩惠。很多人在遇到困难的时候，只会唉声叹气，此后就一蹶不振。殊不知，困境才是筛选人才的漏斗，勇敢地接受它，克服它，你或许才能避免被筛去的危险。看那些成功的人，哪一个不是拥有强大的灵魂，敢于对生活微笑的人？

我经常会说一句话："你快乐要活到明天，痛苦也要活到明天，为什么不选择快乐生活呢？"既然困难已经存在了，唉声叹气并不能解决问题，还不如面带微

笑，直面困难。这样不仅能给自己带来勇气和力量，还有助于自己找到解决问题的方法，何乐而不为呢？从一定意义上说，能否笑着面对困境，是成功者与平庸者的分水岭。

压力太大时不妨逃走一会儿

> 刀再锋利，如果一碰就断，也没有什么用。面对压力，我们不能一味往前冲，结果把自己逼到崩溃的边缘。我们应该懂得张弛有度、松紧适当的生活哲学。

压力太大的时候，不妨暂时从眼前的事情中抽离，逃走一会儿。

有一位讲师在讲授压力知识的课堂上拿起一杯水，然后问学生们："各位认为这杯水有多重？"

学生们有的说20克，有的说500克。

讲师则说："这杯水的重量并不重要，重要的是你能拿多久。拿一分钟，你们一定觉得没问题；拿一个小时，可能觉得手有点酸；拿一天，可能就得叫救护车了。其实这一杯水的重量是一样的，但是你拿得越久，就觉得越沉重。"

这就像我们承担的压力一样，如果我们一直把压力放在身上，而不管时间长短，到最后我们总会觉得压力越来越沉重而无法承担。其实我们需要做的只是放下这

杯水，休息一下后再拿起来，这样我们才能够拿得更久。

　　面对瞬息万变的社会和日益加快的生活节奏，人们所承受的压力也与日俱增。对爱人的过分期待，对自己近乎完美的苛求，对工作的执著，对孩子的牵挂……无一不令现代人陷入巨大的压力漩涡之中。过重的压力会让人们感到心神耗尽、精疲力竭，长此下去，我们的身心就会受到极大的摧残。

　　李女士是一家公司的业务经理。2005年，公司接到一个新的合作项目，合作对象是美国的一家大公司，由于时差问题，有很长一段时间，她不得不每天在深夜工作，通过电话、邮件等各种方式与国外的合作伙伴进行沟通，交流工作的进展情况。晚上不能正常地休息，白天想补充一下睡眠，可是部门的其他业务又让她放心不下，她不得不强打精神处理白天的日常业务。两个月下来，她感到身心疲惫，有一种快要崩溃的感觉。更令她烦恼的是，与美方的合作已暂告一个段落，但她在夜晚仍然无法入睡，而且经常心神不宁，开会时时常走神，有时还出现莫名其妙的烦恼和恐惧。当她多日不见的好友问她为什么这么憔悴时，她才恍然大悟。于是，她去医院做了个全面检查，医生告诉她，她的这些症状都是由严重的失眠引起的，导致失眠的正是沉重的工作压力。

　　刀再锋利，如果一碰就断，也没有什么用。面对压

力，我们不能一味往前冲，结果把自己逼到崩溃的边缘。我们应该懂得张弛有度、松紧适当地生活哲学，当面临繁忙的工作和巨大的压力时，要提醒自己适当的放慢节奏，合理地授权，并对无休止的加班说"不"。

据说，老子曾经问他的一个学生："牙齿和舌头谁硬？"学生说："牙齿硬。"老子张开嘴让学生看："牙齿硬，但是已经一个都不在了，舌头软，现在还完好无缺。"老子以此教育他的学生要懂得物极必反的道理，其实就是提醒我们要刚柔并济，特别是要在巨大的压力下面学会弯曲。

西班牙有句俗语："不是负担，而是过重的负担杀死熊。"每个渴望快乐的人，都应该懂得如何管理身上的压力，使自己生活得更加轻松自在。

我们知道压力的积累不是忽然之间形成的，因此压力的消失也同样需要一些时间。在现代社会，要完全摆脱压力几乎是不可能的，即使一个压力消失了，随之就会有另一个压力到来。有时压得我们喘不过气来但又不能撒手的时候，不妨允许自己暂时逃走。这是一种折中的方法。

作家吴淡如曾就压力这样写道：

"当一只把头埋在沙里的鸵鸟是懦夫，当一只偶尔逃走的鸵鸟是艺术。鸵鸟虽然有翅难飞，但到底还是可以轻快地逃离现场一会儿。"

"和亲密的人吵架时，暂时逃走是门学问。离开火爆的现场后，往往会发现：其实事情没那么糟，不值得玉石俱焚。"

修炼当下的快乐

"受不了工作压力，暂时逃走是种享受。只要给自己一段喘息的时间，或一个足以平衡的娱乐，心情就会变好。"

"大部分的难题来自于太想控制全局，暂时抽身，可以跳出自身的思考逻辑。"

"有时，我会在两个颇费心思的工作之间，抽空到健身房跳个热汗淋漓的有氧舞蹈；在无法把长篇小说接续下去时暂时放手，当个闲人，逛街、喝咖啡，不再坐困愁城觉得自己完蛋了；即使工作进度有点赶，我也学会不要临泽而渔，先让自己睡个午觉再说——这就是我要让自己觉得活得游刃有余的好方法。"

绷紧的琴弦容易断，松散的琴弦不能弹。掌握了这个诀窍，生活就会变得充实而自在。

自助者才会天助

> 面对时运不济每个人都可以有两种选择，一种是怨天尤人，另一种就是活得更起劲。只要审时度势，自强不息，总有一条很宽广的路是单为你准备的。

时运不济，人生旅途灰暗，人人都可能遇到，只不过有些人遭遇的时间短一些，有些人遭遇的时间长一些。然而，一辈子都时运不济的人很少。

有一位时运不济的年轻人，他是一位大学毕业生，按说作为一个受过高等教育的人不应该时运不济，然而，时运不济的事还是全让他碰上了。

考大学那年，国家正好在大学试行收费制，四年下来，比早考上一年的人整整多花了一万元。四年后，该毕业了，谁知国家在分配上又实行双向选择，最后虽找到了工作，可是仅工作了一年半，又赶上机关大裁员，他又下岗了。

不知是接连不断的时运不济磨硬了脚板，还是一路灰暗的行程擦亮了眼睛，总之，从此他从原来居住的地方消失了。几年后他开了一辆农用车回来，原来他去了滨海的一个农场，这个农场是他父亲过去插队的地方。

他在那儿租了一百二十亩地，利用他学的专业专门种植荷兰的一种郁金香，据他父亲说这种产品已在华东几个城市供不应求，第一年的纯收入就超过了三万元。

这个故事告诉我们：面对时运不济，每个人都可以有两种选择：一种是怨天尤人；另一种就是活得更起劲。只要审时度势，自强不息，总有一条很宽广的路是单为你准备的。

王森现在已经是一位成功人士了。但谈起七年前的那次失败投资，他依然记忆犹新。对他而言，那次失败真的是命运的转折点，如果没有迈过那个大坎，现在的他也许依旧落魄不堪。

那一年，他辞去稳定的工作，开始下海经商。创业之路是非常艰辛的，他的公司在激烈的市场竞争中一路跌跌撞撞走来，虽然没有太多的成绩，但也是稳中求进。不料，由于他的一次失败投资，不但没有获得利润，而且差点将他的老底全部折进去。公司的员工辞职的辞职，跳槽的跳槽，好好的一个公司眼看着就要跨了。看着眼前的烂摊子，一时之间，王森心灰意冷，他时常借酒消愁，但只能是愁上加愁，那时候他的脑子里全是"失败"二字。

后来，因为精神状态不好，吸烟、失眠等一系列的问题也导致了他的身体开始出现问题。最终他在家人和朋友的劝告下，接受了心理医生的开导。在医生的帮助下，他慢慢地冷静下来，开始重新思考。他意识到，生

意上的失败带给他的不过是钱财的损失，但是精神上的失败则会导致他人生的堕落。

自助者，天助也。在他打算振奋精神，重新来过的时候，上天给了他一个机会。一个他过去的生意伙伴，主动联系上他，要与他合作一项生意。有了以前的经验，他在这次难得的机会中发挥了超常的慎重和冷静，圆满地完成了合作任务，稳赚了一笔。从此，他的事业开始一步步向成功迈进。

逆境就像沼泽地一般，你越是深陷其中，越是难以自拔。所以这时候，要学会停下脚步，及时调整自己的心态，重新规划你的航程方向，才有可能变逆境为顺境。得意和失意不过是两种心境罢了，得意时要保持淡然，失意时亦要保持坦然，不管是顺风还是逆风，我相信它们是无法真正阻碍你向前进步的，唯一阻碍你前进的只有你自己。所以说，在处于逆境的时候最关键的是保持信心，不能因为环境的变化，对自己的定位和能力也产生怀疑。每一个成功的人都遇到过困难，像我国古代的诗仙李白、诗圣杜甫等等，哪一个不是处于人生失意的境况，还写出那些旷世绝句？

所以，在处于逆境的时候千万不要灰心丧气，对自己失去信心。去阅读那些名人轶事吧，你会发现他们也有和你一样不顺利的时候，可是他们却顽强地走过来了，走过了那些乌云遮盖、没有阳光的日子，迎接他们的则是万里晴空。

人生百味，顺境逆境，得意失意，不过是一种心

境。当你遭遇到人生逆境的时候，你会选择什么样的处理态度呢？你可以选择痛哭一场，但请记住时间不要太长，否则会错过更多的美好，要及时整理好情绪，充满信心，再次起航。

在逆境之中，我们更加要对自己充满信心。来自哈佛大学的一项研究发现，一个人的成功85%取决于坚定的自信心，15%取决于智力等其他因素。拿破仑说过，"信心的力量是惊人的，相信自己，一切困难都将不会是困难"。自信有如一盏启航灯，它会在茫茫无边的人生海洋中给你力量，也给你前行的动力。试问，连一个自己都不相信的人，如何博得他人的信任？

不管你曾经经历过多大的失败，它们都不能抹杀你今天的信心。我们的人生就是一场不断和挫折作斗争的过程，自信是这场斗争中最坚实的盾牌，也是最锋利的长矛，我们只有抓住这把武器，胜利的人生才会属于我们。

与其纠缠于风雨，不如忘怀于风雨

> 顺境不骄傲，逆境不沮丧；置身风雨中，不为风雨动。这就是超载了风雨阴晴的禅境。

人生如花开花谢，潮起潮落，有得便有失，有苦也有乐。如果谁总自以为失去的太多，总受到这个意念的折磨，谁才是最不幸的人。

有一次，在霍金学术报告结束之际，一位年轻的女记者捷足跃上讲坛，面对这位已在轮椅上生活了三十余年的科学巨匠，深深景仰之余又不无悲悯地问："霍金先生，卢伽雷病已将你永远固定在轮椅上，你不认为命运让你失去太多了吗？"

这个问题显然有些突兀和尖锐，报告厅内顿时鸦雀无声，一片静谧。霍金的脸庞却依然充满恬静的微笑，他用还能活动的手指，艰难地叩击键盘，于是，随着合成器发出的标准伦敦音，宽大的投影屏上缓慢然而醒目地显示出如下一段文字：我的手指还能活动，我的大脑还能思维，我有终生追求的理想，有我爱和爱我的亲人和朋友，对了，我还有一颗感恩的心……

修炼当下的快乐

心灵的震颤之后，掌声雷动。人们纷纷涌向台前，簇拥着这位非凡的科学家，向他表示由衷的敬意。

人们深受感动的，并不是因为他曾经的苦难，而是他直面苦难时的坚守、乐观和勇气，他的那份豁达成就了他的事业。我们固然无法选择生活的内容，但我们可以选择面对生活的方式。

当你强化、放大风雨的时候，你就会黑云压城，雨骤风狂；

当你淡化、放下风雨的时候，你就会雨过天晴，云淡风轻。

顺境不骄傲，逆境不沮丧；置身风雨中，不为风雨动。这就是超越了风雨阴晴的禅境。

苏东坡的"也无风雨也无晴"，成了中国历史上不以穷通得失挂怀、潇洒旷达的人生情怀的范本。这种"也无风雨也无晴"的人生态度，还贯穿在他对人物的评价中，贯穿在他本人的人生历炼中。

苏东坡历尽政治风波，劫后余生，从边远地区回到京城，在翰林院供职。不久，好友王定国也从岭南被召回京城。两人相见，开怀畅饮。酒席间，王定国让歌女柔奴劝苏东坡饮酒。柔奴眉清目秀，应对敏捷，并且，更吸引苏东坡的，是她的那种淡定平和的气质。苏东坡问她："你的家人都在京城，你一个人跟主人在岭南待了这么长的时间，那里风土不好，这些年够辛苦的吧？"

柔奴安详娴雅地回答说："此心安处，即是吾乡。"

苏东坡听了，感到非常震撼：这么一个柔婉妩媚的女孩子，却有这么洒脱、这么超然的心境。感慨之余，东坡写了首《定风波》词来表示赞许。词中说："万里归来颜愈少，微笑，时时犹带岭梅香。试问岭南应不好，却道：此心安处是吾乡。"

"此心安处是吾乡"是柔奴置身逆境、波澜不惊、超然其上的感悟，也是古代的知识分子所追求向往的境界。唐代白居易在诗里就经常流露出这种感受，如"身心安处即吾土，岂限长安与洛阳？"、"我生本无乡，心安是归处。"、"无论海角与天涯，大抵心安即是家"。

这种心境，也给了仕途坎坷的苏东坡莫大的受用。正因为苏东坡自身也有着"此心安处是吾乡"的旷达，他在被贬到偏僻荒凉的岭南时，仍然非常乐观，写下了那首著名的诗歌：

罗浮山下四时春，卢橘黄梅次第新。
日啖荔枝三百颗，不辞长作岭南人。

苏东坡在垂暮之年被贬到惠州，仍然旷达洒脱，忘怀于得失。当他吃着荔枝时，不是在怨天尤人，而是在感恩，这样一来，在别人难以承受的苦难中，反而发现了生命的喜悦与自在。

　　如果执著于繁华，萧瑟时就会痛苦万分。如果在花繁柳艳处，淡定从容，秋风萧瑟的时候，就不会有失落的痛苦。这就是《菜根谭》所述："宠辱不惊，闲看庭前花开花落；去留无意，漫随天外云卷云舒。"也就是苏东坡自己说的："成固欣然，败亦可喜。"

有时逆境也是一种机遇

> 在千万富翁的思想中，没有问题也就意味着没有机遇，问题中孕育着同等程度或者更大的机会。

古代诗人陆游写道："山重水复疑无路，柳暗花明又一村。"很多时候，我们可能也会遇到"山重水复疑无路"的境况，这时候悲观的人便会自怨自艾，不采取任何行动，反而蜷在绝境中等待失败的判决；而乐观的人即使遇到了无路可走的绝境，依然不会被打倒，他们有信心在这一团迷雾中找到他们人生的"又一村"。

逆境之存在与否，往往并不是人们所能左右的，然而，对逆境的回应方式与态度却完全操之于个人。处在逆境时，有的人会为了脱离逆境而奋斗，有的人却会为了无法克服逆境而逃避。当然，能成功的一定是前者，自暴自弃只能毁灭自己。

千万富翁明白这样的道理：人是环境的产物，人的性格很大程度取决于出生以后的环境。但环境并不是决定因素，能考上名牌大学的人并不都是那些教育环境好的孩子，反倒是那些家境贫寒的人，更能被激发出成功的欲望。凡被环境压垮的人，都无法成功。

修炼当下的快乐

《人生光明面》的作者诺曼·皮尔博士接受电视访问时，节目主持人问他："皮尔博士，你会对何种范围内的事情保持积极的思考或态度呢？"

皮尔博士回答说："我只对我能控制的事情持积极的想法。"他又说："如果我买的一架飞机不幸坠毁了，那么，这就不是我能控制的事情。于此，我不会有什么积极不积极的态度，因为，不管我怎么想，亦不能使飞机不失事或完好原初。"

成功者是这样理解问题与逆境的：每一个困难处境都蕴藏着一个同等程度或者更大的机会。人生就是这样，能使自己飞黄腾达的机会很多，这些机会大多出现在人处于逆境时。如果顽强地把自己置于逆境，燃烧斗志和热情就会产生意想不到的结果。一旦经历过这些，人的意志就会启动，自信也会产生。面对下次更高的目标，挑战的勇气也会涌出。

大部分的人都想不必冒险就可以开拓自己所喜欢的路。许多人不愿意迎接并解决问题，能够成为千万富翁的人则把问题当成转机，通过解决问题得到更多成功的机会。更为重要的是问题愈大，挑战也愈大，解决问题时所能得到的满足就愈大。

容易接近的湖泊，里面的鱼很快就会被钓光。湖边到处都是垂钓者，鱼很小，而且很难钓。相反，难以抵达的湖泊，鱼又多又大。但是，必须敢爬悬崖，才能到达那里。风险可能很大，可是回报也更多。缺乏勇气的

人是不可能成就事业的。成功走出困境的人，他的人生往往会因苦难的磨砺闪烁熠熠光彩。千万富翁接受问题，就像欢迎一个带来更大满足的良机。

人们都喜欢机遇，有人把机遇称为运气，却很少有人把问题看作机遇。在许多千万富翁的传记中我们都会看到，问题与危机是许多千万富翁们的"盟友"。这些富翁们似乎更懂得在无秩序中行动的好处，就是别人还处在没有组织、困惑或混乱的状况中，他们往往会一直看着危机与问题的发展，明了事情的因果始末，并且表现得十分冷静。

美国钢铁巨头安德鲁卡·内基在南北战争结束之际，果断地抓住机遇，准备开始他的钢铁事业。开始，一切都发展得很顺利，然而1873年，经济大萧条不期而至。银行倒闭、证券交易所关门，各地的铁路工程支付款突然被中断，现场施工戛然而止，铁矿山及煤山相继歇业，匹兹堡的炉火也熄灭了。卡内基的钢铁厂也受到重创。

在最困难的情况下，卡内基却反常人之道，打算建造一座钢铁制造厂。他走进股东摩根的办公室，谈出了自己的新打算："我计划进行一个百万元规模的投资，建贝亚默式5吨转炉两座，旋转炉一座，再加上亚门斯式5吨熔炉两座……"

在卡内基积极的争取下，股东们终于同意他的提议。

1875年8月6日，卡内基收到第一个订单，2000支钢

轨。熔炉点燃了。每吨钢轨的制成劳务费是8.26元，原料40.86元，石灰石和燃料费是6.31元，专利费1.17元，总成本不过才56.6元，这比原先的预计便宜多了，卡内基取得了巨大的成功。

当人们遭受到大苦难时，一般人都会认为："这件事我无法解决。"其实，这是极大的错误，因为，自己无法解决的事，决不可能发生在自己身上。最主要的还在于一个人能否面对苦难勇敢地站起来。

如果把人生比喻成白天、晚上，那么逆境时就等于是晚上。人不可能一生都走在明朗的阳光下，总有一天会走在黑暗之地。到今天为止，还因荣盛自夸的人，明天也许就会在深渊中挣扎。相反地，今日在深渊中挣扎的人，也许会因为突然有明亮光线射进来而重获阳光。在千万富翁的理念中，他们懂得：黑夜过去必有白昼来临，白昼过去必有黑夜来临。可是身处于黑夜中的人往往认为自己不可能迎来白昼。

其实，冷静地看，夜晚的黑暗中也会有小小的光线，也有慢慢接近黎明的动态。不管怎样的逆境，都不会持续太久的，总有一天机会会降临。能够成为千万富翁的人懂得，最重要的是，不管遭受怎样的困难，千万不要害怕或担心。因为这种害怕或担心只会使那个困难更加困难，让人认为不可能突破。如果在困境中，我们能把心朝着明朗的方向转变的话，我们就会知道，原来挡住前途的墙壁，并不怎么厚，于是会产生突破这道墙壁的勇气来。

飞机要在逆风中起飞才会较快离地，较快地升到高空；同样，风也是鸟飞行的障碍，但没有风鸟是不可能飞翔的。据说，有些鸟凭借气流可以很容易地飞到一万英尺的高空，如果仅仅凭借鸟儿自己的力量恐怕难以达到。多数人的生命之所以卑微渺小，理由就在他们错误地理解了上天所赋予他们的机会。

写过《包法利夫人》一书的福楼拜曾说："你一生中最光辉的日子，并非是成功那一天，而是能从悲叹和绝望中涌出对人生挑战的心情和干劲的日子。"

真正的成功者并不认为成功是最美的，最美的是能在逆境中，继续奋斗努力的精神。成功只是那些努力的一个成果而已。

任何人都不是与成功无缘，只是大部分人都无法自己去创造机会而已。

逆境中更要坚定信念

信念是一种强大的力量，它可以使人在黑暗中不停止摸索，在失败中不放弃奋斗，在挫折中不忘却追求。在它面前，天大的困难微不足道，无边的艰险不足为奇。

俄国的列宁曾经说过："没有原则的人是无用的人，没有信念的人是空虚的废物。"信念是支撑一个人的支柱，人一定要用坚定的信念，支撑自己在人生道路上走下去。

春秋战国时代，一位父亲和他的儿子出征打仗。父亲已做了将军，儿子还只是马前卒。又一阵号角吹响，战鼓擂鸣了，父亲庄严地托起一个箭囊，其中插着一支箭。父亲郑重地对儿子说："这是家传的宝箭，带在身边，力量无穷，但千万不可抽出来。"儿子听了喜上眉梢，贪婪地推想箭杆、箭头的模样，耳边仿佛"嗖嗖"地箭声掠过，敌方的主帅应声倒地。

果然，带着宝箭的儿子英勇非凡，所向披靡。当快要取得胜利的时候，儿子再也禁不住得胜的豪气，他忘

记父亲的叮嘱，"呼"地一声拔出宝箭，想看个究竟。骤然间他惊呆了：那只是一只断箭，一只折断了的箭！

仿佛顷刻间失去支柱的房子，他的意志轰然倒塌了。最后的结果不言自明，儿子惨死在乱军之中。父亲拣起那柄断箭，沉重地说道："不相信自己的意志，永远也做不成将军。"

把自己的胜算全部寄托在一支宝箭上，是多么愚蠢，这种寄托本身就是不坚实的，如果失去了这支宝箭，自己就彻底崩溃了。只有来自心灵的支撑才是最永久的，才是最有力量的。自己才是一支箭，若要它坚韧，若要它锋利，若要它百步穿杨，百发百中，磨砺它，拯救它的都只能是自己。

信念的力量如此之巨大，它可以顷刻让一个人从充满希望到彻底崩溃。当我们处于逆境的时候，我们更要坚定自己的信念，只要有信念，就会看到希望。

"肖申克"即"鲨堡监狱"，这座监狱是座人间炼狱——狱卒残暴、狱霸横行，它对人精神的磨蚀尤为可怕：在漫漫无期的禁锢中消磨生命，似乎只有放弃全部希望、变成行尸走肉才能生存下来。但是，在狱中服无期徒刑的安迪不这么想，他像是用一件无形的"护身罩"护住自己，心中永远有一个希望。

导演达拉邦特透过监狱这一强制剥夺自由、高度强调纪律的特殊环境，展现了作为个体的人对"时间流逝、环境改造"的恐惧。

面对恐惧，人该如何选择，片中的安迪无疑给出了最明确的答案。怯懦囚禁人的灵魂，希望才可感受自由。强者自救，圣者渡人。

安迪最后逃出鲨堡监狱，是什么实现了对他的救赎？是他心中对自由的渴望，是希望的存在，是信念的力量！

安迪是个战胜命运的人，也是个很有智慧的人。他身上那种坚定、执着、睿智、不屈不饶的精神，足以感染每个人。

信念就像一个力大无比的巨人，它可以创造出令人难以置信的奇迹。每个人在自己的一生中，都会遇到困难和挫折，但只要坚定自己的信念，你的生命就会焕发出灿烂的光芒。将信念的风帆高高扬起，你一定可以航行得更远。

磨难是一笔宝贵的财富

> 苦难，对于那些渴望成功的人来说是一种财富，在苦难中人才能挖掘自己的所有潜力，做到一些在顺境中不可能做到的事情，所以当苦难降临到自己的身上时，不要以为那是上天的不公平，相反，这可能是你真正改变自己人生的契机。

人的一生不可能是一帆风顺的，每个人都会遇到一些苦难。苦难可以把一个人彻底击垮，不得翻身，但是也可以激发一个人的斗志，关键就在于你以一种什么态度去看待这些苦难。一个障碍，就是一个新的已知条件，只要愿意，任何一个障碍，都会成为一个超越自我的契机。

我国西汉史学家司马迁，曾受过令人引以为耻的宫刑，但他并没有因此而消沉。在牢狱中，他凭着自己坚强的意志和顽强的毅力，同苦难作斗争，最终历尽艰辛撰写成"史家之绝唱"——《史记》，成为了我国著名的史学家。苦难对于司马迁来说，就是一种财富。

修炼当下的快乐

　　唐代的大诗人李白，一生抑郁不得志，"安社稷、济苍生"的抱负不能实现，宦途失意，常受排挤。面对这种苦难，他不叹不怨，在"仰天大笑出门去，我辈岂是蓬蒿人"的不羁中，畅怀大饮，挥毫泼墨；他不卑不亢，在"安能摧眉折腰事权贵，使我不得开心颜"的傲骨中，把酒临风，长剑啸天，最终成为一代诗仙。对李白来说，苦难是他的一种财富。

　　在人生的道路上，无论我们走得多么顺利，但只要稍微遇上一些不顺的事，就会习惯性地抱怨老天亏待我们，进而祈求老天赐给我们更多的力量，帮助我们渡过难关。但实际上，老天是最公平的，每个困境都有其存在的正面价值，如果你能把苦难当成一种考验，或者从另外一种角度去看待它，也许它会给你带来收获。

　　我们很多人总有这样一种感觉，认为苦难是成功路上的一座难以翻越的大山。譬如，那些被"希望工程"救助的孩子，差点儿连学都上不起，还谈什么成才？这些看法自然有些道理，却过于绝对了，或者说表面化了。因为，古今中外大量事实足以表明：从某种意义上说，苦难是一所特殊的学校，许多杰出人物都是从这里毕业的。

　　苦难苦难，一是苦二是难，苦难固然让人备尝艰辛，却也让人深切地体验了人生。有文化的青少年大都喜欢读书，而不少书恰恰是苦难的结晶。

　　高玉宝在旧社会给地主当奴隶，受尽欺压，却由此写出了有"半夜鸡叫"等精彩细节的长篇小说。路遥在

陕北渡过清苦的青春岁月，却由此写出了《平凡的世界》、《人生》等优秀作品。梁晓声插队去了北大荒，经历了知识青年的磨难生活，却由此写了《雪城》、《年轮》等备受欢迎的作品。

此类例子在文学史上不胜枚举，故而许多作家常常撰文"感谢生活"。这是为什么呢？我想，苦难之所以也是一种财富，在于它让人更容易感悟生活的本质，即生命与自然、个人与社会、梦想与现实等关系，从而大彻大悟，进入顺利者难以进入的大境界。

大家也许想象不到，当代中国最有影响力的教育家孙云晓也曾经历过一些苦难。譬如，60年代初在幼儿园吃不饱饭，常常爬到树上捋槐树叶子吃。由于家境清贫，小学期间居然没有买过一本文学书，也没订过一份报刊，却要经常上山拾草采蘑菇、下海捞蛤蜊和叉鱼。从早期智力开发的角度看，他绝对属于愚顽不化之类。可是，孙云晓却得到意外的收获：首先是对大自然的迷恋，使童年的浪漫得到极大的满足；其次是增强了对书刊的渴望，一旦接触名著，犹如野小子进入圣殿一般。

后来，当他写长篇小说《赖宁的世界》和《金猴小队》时，涉及到了童年的野外生活，那种兴奋劲啊，真可以说奇思妙想喷涌而出，笔下生花全不费力。大家可想而知，他怎能不感谢童年？

记得当年邻家一位老保姆常责怪她家小主人："瞧人家德林（孙云晓的乳名），啃玉米面窝头那么香，你天天守着白面馒头都不好好吃！"穷家子弟与富家小子

的确不同，前者穷且益坚，生气勃勃；后者则容易富而生厌，懒洋洋。当时，孙云晓与哥哥去海水浴场游泳，俩人仅有两毛钱，却比富翁还满足，玩得也十分痛快。

回首往事，纵览天下，是否可以给我们这样的启示——人固然需要金钱，但是，缺少金钱并不是最可怕的，最可怕的是缺少对生活的热情与追求。

当你身处逆境的时候，不是上帝难为你，而是上帝赐福于你，给你显示英雄本色的绝好机缘。

苦难，对于那些渴望成功的人来说是一种财富，在苦难中人才能挖掘自己的所有潜力，做到一些在顺境中不可能做到的事情，所以当苦难降临到自己身上时，不要以为那是上天的不公平，相反，这可能是你真正改变自己人生的契机，勇敢一点，向苦难挑战，它就可能成为你一生的财富。

再给自己一次机会

很多时候，我们可以原谅他人的过错，那么为什么反而对自己如此苛刻？善待自己，就再给自己一次机会。

人非圣贤，孰能无过？人生就是从错误中不断走来，最终达到真理的过程。所以没有任何一个人的人生是完美的，犯错是我们必然经历的一个环节。过而能改，善莫大焉。只要错误能够改正过来，那就是好的。很多人沉湎于过去，沉浸在失败或错误中无法释怀，这显然是愚蠢的行为。很多时候，我们可以原谅他人的过错，那么为什么反而对自己如此苛刻？善待自己，就再给自己一次机会。

肯德基创始人桑德斯在65岁时还身无分文，当他拿到生平第一张救济金支票时，金额只有105美元，但他没有抱怨，而是问自己："到底我对人们能做出什么贡献呢？我有什么可以回馈的呢？"

随后，他便思量起自己的所有，试图找出可为之处。头一个浮上他心头的答案是："很好，我拥有一份

人人都会喜欢的炸鸡秘方，不知道餐馆要不要？要是我不仅卖这份炸鸡秘方，同时还教他们怎样才能炸得好，那么餐馆的生意一定可以越做越好。"

桑德斯立刻开展了行动，他挨家挨户的敲门，把想法告诉每家餐馆："我有一份上好的炸鸡秘方，如果你能采用，相信生意一定能够提升，而我希望能从增加的营业额里抽成。"然而，很多餐馆的老板都直接拒绝了他："得了吧，老家伙，若是有这么好的秘方，你干吗还穿着这么可笑的白色服装，不要再骗我们了，你还是回去养老吧。"

无数次的拒绝并没有打击掉他的自信，他给自己打气：没关系，他们都不知道我的炸鸡秘方是独一无二的，肯定会有人接纳它的。对，再试一家，还有机会的。

执著的桑德斯最终找到了一家餐馆的接纳，那是他在被拒绝了1009次的时候，他终于为自己赢来了一个机会。

事实上，从我们降临到这个世界上起，我们便已经学会再给自己一个机会：我们学会了走路，学会了说话，学会了识字……然而随着我们的长大，我们反而变得胆小，变得怯懦，我们害怕失败，害怕挫折，甚至因为一个跌倒再也爬不起来。

因高考失败而选择轻生的事件已经不是鲜闻，因感情失败而伤人伤己的事件也总是一次又一次登上报纸，我们长大了，为什么反而不成熟了呢？生命就一次，如

此宝贵，可是很多人却不懂得珍惜；失败可以很多次，很多人却接受不了。

庸人总把"不成功便成仁"的调调挂在嘴边，于是当失败的时候，在泪水中既错过了太阳，也错过了星星；智者相信"失败乃成功之母"的格言，拥有"天生我才必有用，千金散尽还复来"的自信，因此他们会重新给自己一个机会，然后发现"柳暗花明又一村"。一个失败的伤口并不能感染整个健康的人生，所以摔倒了就爬起来。我们总在鼓舞他人要坚强，要对明天充满希望，可是偏偏在自己的世界中忘了这条法则。不要再蹉跎岁月了，请再给自己一个机会吧，即使你已经有过千万次的失败，即使你已被现实折磨得伤痕累累，可是生命犹在，信心犹在，那么你精彩的人生还是会出现。

让心快乐起来

何必跟自己过不去呢，放平自己的心，搁浅自己的梦，把希望打折，把生命烘干，学会在艰难的日子里苦中寻乐！

笑是一生，哭也是一生。我们倒不如每天给自己一个希望，每天给自己一份快乐的心情，坦然豁达地面对人生带给我们的一切困难和挫折。

人生常常浸泡在痛与苦中。一次次心痛、一道道伤痕、一遍遍泪水，洗不去人生的尘埃，抹杀不了命运中的艰辛。何必跟自己过不去呢，放平自己的心，搁浅自己的梦，把希望打折，把生命烘干，学会在艰难的日子里苦中寻乐！

下面的这则故事，就能够让人明白一个深刻的道理：在大海上航行的船没有不带伤的，我们在生活中同样不可能会一帆风顺，难免会有伤痛和挫折。船没有因为有伤就沉于大海，而是更加坚强地在海上航行。

英国劳埃德保险公司曾从拍卖市场买下一艘船，这艘船1894年下水，在大西洋上曾138次遭遇冰山，116次

触礁，13次起火，207次被风暴扭断桅杆，然而它从来没有沉没过。

劳埃德保险公司基于它不可思议的经历及在保费方面带来的可观收益，最后决定把它从荷兰买回来捐给国家。现在这艘船就停泊在英国萨轮港的国家船舶博物馆里。

不过，使这艘船名扬天下的却是一名来此观光的律师。当时，他刚打输了一场官司，委托人也于不久前自杀了。尽管这不是他的第一次失败辩护，但他总有一种负罪感，他不知该怎样安慰这些在生意场上遭受了不幸的人。

当他在萨轮船舶博物馆看到这艘船时，忽然有一种想法，为什么不让他们来参观参观这艘船呢？于是，他就把这艘船的历史抄下来连同这艘船的照片一起挂在他的律师事务所里，每当商界的委托人请他辩护，无论输赢，他都建议他们去看看这艘船。他是想告诉大家在海上航行的船都是带伤的，人们也慢慢懂得了这个道理，这艘船也名扬天下了。

世界上的幸福总是有瑕疵的，只要你有一颗肯快乐的心，就一定能够看到幸福的存在。你必须掌控好自己的心舵，下达命令，来支配自己的命运，寻找自己的快乐。只有具备了淡然如云、微笑如花的人生态度，任何困难和不幸才能被炼成通向平安的阶梯。

没有不遭受挫折与磨难的人生，只有不肯在有限的人生里快乐起来的心，快乐本没有绝对的意义，平常一些小事也往往能撼动你的心灵。快乐与否，只在乎你的心怎么看待。只要你愿意改变你的人生态度，那么贫穷也能变得富裕；如果你甘心平庸一生，那么你就注定要潦倒一生。

任何痛苦都是自己找的，任何快乐也是自己找的。苦痛源于你的心境。快乐与否在于你的心态。快乐是一种心境，这种心境是朴实的，存在生活的点滴中。比如一个微笑、一声问候、一个会心的眼神……都是让人感到快乐的事。

用感恩的心，把自己缩小。心随时归零，就会发现人生处处充满神奇。世界也变大了。

人生在世，要经历太多的风雨和太多的变数，怎么去看待这些风雨和变数，决定了你以后的人生。在经历痛苦的时候总会有一些朋友不时地给予你关心和照顾，帮你渡过难关，走出风雨，这些都是你应该看到的快乐与幸福。人生在世，不要让自己短短几十年的光阴在自己悲叹中度过，而是要以一种乐观积极的心态去寻找快乐。这样才能让自己过得更有意义。所以，不要把自己的快乐封闭，让自己成为一个真正快乐的人吧！

第六章
|小方法帮你修炼快乐|

在现代世界，快乐成了稀缺资源。其实，快乐是一种可以培养的习惯，一种可以复制的技巧。快乐有秘诀，掌握了其中的秘诀，就能把平凡的日子变得富有情趣，把沉重的生活变得轻松活泼，把苦难的光阴变得甜美珍贵，把繁琐的事项变得简单可行。

遇到坏事时，提醒自己"转念一想"

> 我们应该用更积极乐观的态度去对待每一件看起来并不那么顺利的事，只有这样我们才会在快乐中取得成功。

同样一个园林，同样的一朵玫瑰花，积极乐观的心会看到美丽的花瓣和清晨透彻的露珠，而悲观消极的心则看到花下伤人的尖刺和清晨微冷的天气。一个笑脸，一个苦脸，不一样的心情，恐怕今天一天的成绩也大不相同。积极乐观的人总是能看到更好的情景，所以在好的心情下，他就能够处处顺心，做什么都游刃有余；而悲观厌世的人总是看到那些令自己讨厌的情景，在恶劣的心情下，又怎么能顺利地完成工作呢？俗话说，倒霉的人喝凉水都塞牙缝。事实上，水怎么能塞牙缝呢？不过是人的主观感受罢了，心情不好自然看到什么都觉得不好，干什么都觉得不顺利，自然就有了"屋漏偏逢连夜雨，船破又遇打头风"的主观感受。

日本有两家鞋厂分别派了一位推销员到太平洋上的一个小岛推销鞋子。这个岛地处热带，岛上居民一年四

季都光着脚，全岛上找不出一双鞋子。一家鞋厂的推销员很失望，给公司本部拍了一份电报："岛上无人穿鞋，没有市场。"第二天，他就回国了。而另一家鞋厂的推销员看到这个岛上没人穿鞋，心中大喜，他住了下来，也立即给公司拍了一份电报："岛上无人穿鞋，市场潜力很大，请速寄100双鞋来。"

等适合岛上居民穿的软塑料凉鞋寄到岛上，这个推销员已与岛上的居民混熟了，他把99双凉鞋送给了岛上有名望的人和一些年轻人，自己留下了一双穿。因为这种鞋不怕进水，又可保护脚不受蚊虫叮咬和石块戳伤，岛上居民穿上之后都觉得很舒服，不愿再脱下来。时机已到，推销员马上从公司运来大批鞋子，很快销售一空。一年后，岛上居民就全部穿上了鞋子。

岛上的居民从不穿鞋，这对于鞋厂的推销员来说，就有两种可能，一种是鞋子卖不掉，没有市场，另一种就是这个市场可以开拓出来，让岛上的人都穿上鞋。在这种机会均等的条件下，这两位推销员做出了两种截然相反的判断，采取了不同的策略和努力，也就出现了两种截然不同的结果。

伟大的发明家爱迪生，在研究了8000多种不适合做灯丝的材料后，有人问他：你已经失败了8000多次，还继续研究有什么用？爱迪生说，我从来都没有失败过，相反，我发现了8000多种不适合做灯丝的材料……

换一个角度思考,问题就截然不同了。有时候,能从失败中走出来也是一种成功,如果你整天沉浸在失败的痛苦之中,那么你永远无法成功……

同一件事情,积极的人和消极的人会看到不同的状态。积极的人在每次危难中都看到了机会,而消极的人在每个机会中都看到了危难。

父亲欲对一对孪生兄弟作"性格改造",因为其中一个过分乐观,而另一个则过分悲观。一天,他买了许多色泽鲜艳的新玩具给悲观孩子,又把乐观孩子送进了一间堆满马粪的车房里。

第二天清晨,父亲看到悲观孩子正泣不成声,便问:"为什么不玩那些玩具呢?"

"玩了就会坏的。"孩子仍在哭泣。

父亲叹了口气,走进车房,却发现那乐观孩子正兴高采烈地在马粪里掏着什么。

"告诉你,爸爸。"那孩子得意洋洋地向父亲宣称,"我想马粪堆里一定还藏着一匹小马呢!"

乐观者与悲观者之间,其差别是很有趣的:乐观者看到的是油炸圈饼,悲观者看到的是一个窟窿。

任何事情都是有很多方面的,对事情好坏的判断全靠自己的主观意识,我们应该用更积极乐观的态度去对待每一件看起来并不那么顺利的事,只有这样我们才会在快乐中取得成功。

在生活中,我们需要换一个角度去看问题。

修炼当下的快乐

　　有一位教师，以前常常与那些大学毕业就职于大城市、领取高工资的同学相比，结果造成严重的心理不平衡：他学习成绩不比那些同学差，能力不比他们弱，凭什么他的境遇要比他们差那么远呢？现在这位教师从不同的角度去比较：他比那些同学早四年领工资，比他们少很多教育投资，却也能通过自学拿到大学文凭，比他们有更多的休闲时间，他干的是"太阳底下最光辉的职业"，工资比他们少，但精神世界比他们丰富，还能享受桃李满天下的欢乐，而且只要他好好干，以后也会有较好发展的机会。这样一比，他就能平静地面对现在这种简朴的生活，倾心于自己当"孩儿王"的事业，为自己点点滴滴的进步而欣喜，心灵充满希望和满足。

　　是啊，换一个角度看问题就会让自己快乐，也许你会说这是自欺欺人，但是每一件事情都存在好与坏两个方面，让自己感觉好一些，何乐而不为呢？

面带微笑，它能招来幸运女神

年轻人大概不会发现，其实什么也敌不过一个笑容。笑容，并不是他人能够给予的喜悦；充满喜悦的人，也并非是靠他人才提起精神来的。

一个人走在街上，偶尔瞥到橱窗上映照出的自己的脸，你没有突然打个冷战吗？

也许对打扮感兴趣的人只看到了自己身上的衣服，所以都没有注意到这种感受吧？应该很少有人真的直面过自己无意识时的面孔。

在百货大楼或者公司的洗手台那里确实有见到自己面容的机会，不过那时候是有意识的面孔，所以很多人都不知道自己的面孔在第三者眼里是怎样的。包括我自己在内，大多数人平常时候的表情就和生气时的表情一样。

不管穿着多流行的衣服，只要顶着张像是生气的面孔，那就全糟蹋了。走在路上，你自己可以留神一下，面无表情紧绷着脸行走的人实在是太多了。

要记住，笑容会散发出积极的气场。穿衣打扮能够让人看见，但却不能让人感觉到气场。人们总是动不动

就被看得见的东西迷惑了心智，可别忘了看不见的东西才是最有价值的。比方说桌边坐着两位年龄相仿的女性，其中一位是时尚美女但却面无表情，另一位是穿着打扮一般但很得体却一直保持微笑的女人。周围的人会感觉哪位更好呢？据调查发现，大多数人喜欢那个一直微笑的女人。

年轻人大概不会发现，其实什么也敌不过一个笑容。笑容，并不是他人能够给予的喜悦；充满喜悦的人，也并非是靠他人才提起精神来的。

在职场上，我们是凭着做事的能力或缔造的作为来领取薪水，我们的所得多寡，大多取决于本身专业才能的高低。然而，一个在办公室散播阳光和喜乐的人，也可以具有黄金般贵重的身价。

莉莉是一家企业的接待人员，她有着我所见过最开朗、最灿烂、也最真诚的微笑。她总是不吝赞美、衷心喜悦，愿意为任何人做任何事。在办公室里，你时时可以感觉到她的存在，而每个人也都发现，自己因为莉莉而变得更愉快、也更有创造力了。

前阵子，我顺道路过这家公司去探访朋友，却感觉这里有点不一样了。好像有人用了比较暗的颜色粉刷墙壁，或是照明出了什么问题——这是我站在接待区的感觉。后来我才发现莉莉不见了。"莉莉呢？"我问道。有人说："她被竞争对手挖走了，薪水是我们这边的两倍多。"她四处张望了一会儿，才又追加了一句："那家公司赚到了。"莉莉快乐昂扬的性格所散发的热力，

影响了这家公司的每个人，而她的离职，则使全体员工的快乐程度和生产力都降低了。业务员说，当莉莉不在场接电话时，客户的抱怨不仅增加了，也变得更为激烈。

笑容可以得到幸运女神的青睐。幸运的人也许不是含着金钥匙的名门望族，他们仅仅靠双手在职场打拼，却顺风顺水地得到一次又一次的晋升机会，得到上级和贵人的提携。你会发现，这些幸运的人都有让人难忘的亲切而真诚的微笑。

初次与人打交道时，不用言语只用微笑就能拉近你们的距离。不懂一句外语就走遍世界的人比比皆是，他们说，微笑就是畅通世界的语言。在空姐和护士的培训课程里，微笑是重要的一课。亲切真诚的笑容，会让乘客忘记旅途上的疲劳，化解一路的焦躁。体贴关怀的笑容，会让病人减轻焦虑和痛楚，更好地配合医护人员完成治疗。心理学家发现：最有魅力的微笑，不是咧开嘴，露出八颗牙就行了，最关键的是连眼睛都放出愉悦光彩的那种迷人的笑！

记住，笑容不应当是一种伪装，自然真诚的笑容是一件珍品，不要为别人在期待着自己笑而笑，这种笑不会赢得好感。你的笑应当是来自心灵深处，诚挚真实的。如果故意瞪大眼睛，装出自认为好看的笑容，而不是发自内心的快乐笑容，在别人眼里绝对是不美丽的。

著名女影星朱利亚·罗伯茨有一张大嘴，笑起来格外夸张。奇怪的是，嘴那么大，反倒成为她美的标志。究其原因，就在于她毫无掩饰的自然、亲切、单纯、阳光和自信，就像邻家的女孩。这位一度创美国最高票房的女星，对生活总是充满了向往和热情，在她的身上我们看到了不随时间和地位而改变的纯真。男人们对此评价说：宽厚的嘴唇，笑得永远纯真灿烂。她独特的笑容极具亲和力，也因此而更具魅力。

在我们身处逆境的时候，在我们受到他人嘲笑的时候，更要面带微笑，淡然处之。人生不过数载，大可不必把别人的一些言论，一些可轻可重的身外物太当回事。如果因为他人的以讹传讹而暴躁不安，因为一场生意的失败而自暴自弃，因为旁观者的几句嘲笑而放弃自己的梦想，那么人生便不是你的人生，你不是为了自己而活，而是为他人而活的。对过去的事情要拿得起，放得下；对那些无聊的言论要左耳进，右耳出。坦然面对尘世间的风风雨雨，才能活出真正的自我。

华丽、优雅、快乐、微笑。古人云：摩挲老眼从头看，只有青山无古今。青山始终以绿色迎人，始终微笑，挂着彩虹般的颜色；快乐之人的微笑是最灿烂的，因为生命中会出现彩虹；笑到最后的人最美的，因为时间可以检验一切；开心时微笑，不开心亦能微笑，愤怒时能在瞬间转而微笑的人，是从容的笑容；在困难和挑战面前依然泰然自若微笑的人，是灿烂的笑；笑容来自美好的心灵，自信的人是华丽而优雅的！

和大自然亲密接触

劳累之余不妨出去走一走，和大自然亲密接触，去田野乡间、森林里、小溪旁，呼吸一下新鲜空气，放松一下紧张的心情。

现代人茫茫碌碌，早起晚归，每天坐在开着空调的办公室里，竟忘了感知大自然的美好。一花一世界，一叶一自然。自然万物看似渺小，却是魅力非常。如果你曾见过大海的万丈狂澜或滔天白浪，你会明白什么叫生命；如果你曾见过高山的峰峦争秀或巍巍雄姿，你会懂得什么叫顽强。静心地走过自然，听听水是怎样流成一脉智慧，看看山是怎样站成一种尊严，你会发现，与自然交流不仅可以放松心绪，更可以净化灵魂。朋友，走进自然吧，你会享受到一种极致的乐趣。

劳累之余不妨出去走一走，和大自然亲密接触，去田野乡间、森林里、小溪旁，呼吸一下新鲜空气，放松一下紧张的心情。你会突然发现原来空气还是这么新鲜，原来生活依然这么美好！美好的风景能陶冶情操，能放松身心，能修身养性，让我们在繁忙的工作中得到快乐，愉悦身心。

修炼当下的快乐

旅游，是人们多么喜欢的休闲方式，它可以使你中断每天周而复始的凡人琐事，对平凡俗气的生活，是一种暂时的解脱。旅游观光，领略山山水水，感受每一处的风土人情，不仅陶冶情操，增长见闻，还能修身养性，解悟释惑。正是"离家三里远，别是一乡风"。只有走出去，才能享受大自然的乐趣，使自己的胸怀得以舒展，心灵得以净化！

"不登山，不知山高；不涉水，不晓水深；不赏奇景，怎知其绝妙。""读万卷书，还须行万里路。"只有亲身实践，身临其境，才有切身体会。登高一望，才会领略到杜甫"会当凌绝顶，一览众山小"的气魄；驻足山中，才会感受到鲁迅先生"躲进小楼成一统，管他春夏与秋冬"的奥秘；跋山涉水，才能体会到李白"五岳寻仙不辞迈，一生好入名山游"的追求。一旦大自然别样的风景占据视野和思想，你会觉得，生活并不总是乏味，一切都是那么美好，处处充满阳光。

游一处风景，寻一处特色；见一处特色，悟一片心得。江南的绮丽，塞北的广漠，都能唤起我们对大自然的尊重和敬畏，如果你能和此地人沟通结识，赋美景以人文，还自然以生命，你会觉得，还有比自然景观更深刻的领悟——不同的水土养不同的人，都具有各自的优势和特点。真是一花一世界，万花装扮春。

旅游是锻炼身体、开阔眼界、游览风光、广交朋友、认识自然、了解社会的最好时机，也是人与自然共生和谐的一种需要。但不管旅行多么美好，生活是常态。旅游的时间毕竟是暂短、有限的，它只是手段，不

是终极目标，途中的美景，可以欣赏，不必流连。我们必须记住，旅行不是探险，代价不宜太大。这么多年，真正把旅行当一生的追求的，好像只有一个徐霞客。每当完成一次旅行，应该就是完成一次思想和情感的加油。加了油就该继续努力，继续打拼，毕竟这人生，还有更好更多的风景等着我们。

这是一篇在网上看到的乐醉山水的文字，很令人感动。

最近一直觉着很闷，有点烦，特别想去大自然中走走，去过滤一下思绪，去清洁一下肺叶，然后，静静的，什么也不想，什么也不做，享受着自然的沐浴。

终于有了机会。我去了十八里长峡。

车驶入了山峡间。"好绿的水！"坐在前排的女儿惊叫道。我把目光由葱郁的高山上移入河中，真的，好绿好清的水！水面还泛着淡淡的雾气，两岸除了绿草就是绿色的丛林。这景色是我那十六岁的女儿从未亲眼见过的。

"看前面，右上方！"开着车的先生又是一声惊叹。寻声望去，山崖高耸入云，一面是郁郁葱葱的树木，一面是灰白色的陡峭的石崖。转过一个弯，前面的山又给我们展示了另一形象——云雾缭绕间，深绿色的丛林掩映着或白灰，或青灰，或高，或低的石崖，好壮观！好美丽！毛泽东在《菩萨蛮大柏地》中的"关山阵阵苍"，我算是真的领略了。在云雾自由地飘与散之间，你便可以偷窥到她来不及遮掩的美妙。

修炼当下的快乐

　　车行至一峡谷间，两岸是陡峭的大山，山上是参天的古木，远看可称之为"一线天"了。真有点目不暇接，各种姿势的山从眼前闪过，想看清楚这一座，那一座已映入眼帘，你还没缓过神儿来，另一位舞着绿色长裙的姑娘已矗立于眼前。"哇！"又一声惊叹。

　　就这样一路惊奇，一路惊叹，我们欣喜着，我们兴奋着，我们满足着，前行。

　　突然，我看见一条去河道的小径，我们停了车，欢快地奔向河边。

　　啊！不由得我不惊叹。太美了——那么多偌大的各具特色的石头，被河水冲刷的圆润而光滑。它们或卧，或躺，或立，错落有致地排列在河道，形成山涧峡谷里的一道奇妙风景。向前走，溪水更给你奇妙之感。到了石间她便亢奋地高歌着，一路洒下无数个白中泛绿的音符；淡绿色水花抛洒得累了，便安静地形成一汪碧绿的潭，微风中绿波漾漾；平坦处，青绿色的溪水无忧无虑地哼着小曲儿欢快地流淌。这里让你痴迷，让你沉醉。

　　我醉了。戏完水，提着鞋，赤脚走在光滑的石上。索性懒散地躺下，在这让你特想亲近的圆润又光滑的石上。眼前是蓝蓝的天，耳旁是哗哗的水。微风轻抚我的发梢，水雾亲吻我的脸颊。就这样尽情地享受着大自然的恩惠。这时，你觉得你已不是你，你就是这里的一滴水，一块石，一棵树。这时，你什么都可以想，什么都可以不想。思绪似乎是静止的，又好像在飞扬。

　　我醉了，在这美丽的大自然中。

爬山也是一项极佳的运动，它可以提高耐力和腿部力量，增强心肺功能，更是开阔胸怀、愉悦身心的极佳方式。

爬山既是人对自然的挑战，也是对自我的挑战。当你脚踩顶峰"一览众山小"时，就会享受到回归自然的喜悦，平添征服自然的豪气，而这种感觉对于深受"现代文明病"困扰的都市人来说无疑是最好的"保健品"。

《古兰经》里说得好："如果你叫山走过来，山不走过来，你就走过去。"我们都应该有走过去的思想，适当转换一下自己的情绪，给生活中注入一点新鲜的血液，让麻木的神经得到放松。在清闲的时刻，我们可以关注一下路边正在吐绿的垂柳，窗台上正在吐蕊的花朵，山雨欲来的潮湿空气，草叶上的露珠，淡淡的薄雾。还可以在静谧的夜空下，悠闲地靠在临窗的床头……如果我们懂得去发现，去欣赏，所有的这些都会给你美的享受，你的人生也定将色彩纷呈。

幽默是最有效的精神按摩方式

幽默集中体现了一个人的智慧、教养和道德优越感的高度。培养幽默的气质，不但可以让你摆脱尴尬的情境，而且能让你收获轻松快乐的人生。

在现代社会中，每一个人的生存压力都很大。社会调查表明，很多人由于过大的工作压力，身体处于亚健康状态。静下心来问一下自己，已经多久没有开心的笑过了，或许你连自己都不清楚了。这样的生活是不健康的，积极向上的生活是需要幽默和笑声来点缀的。

幽默是最有效的精神按摩方式，如果一个人经常处于颓废、沮丧、愁闷的精神状态下，那么疾病缠身的概率要比那些幽默、开朗的人大得多。所以对于生活压力很大的当代人而言，学会幽默是一个调节身心的有效秘方。

莎士比亚说："幽默和风趣是智慧的闪光。"幽默集中体现了一个人的智慧、教养和道德优越感的高度。培养幽默的气质，不但可以让你摆脱尴尬的情境，而且能让你收获轻松快乐的人生。

一个办公室的头儿神秘地跟大家说："兄弟们，你们猜我刚才看见啥了？"大家以为看见鬼了，紧张地问："你看见啥了？"他说："送报纸的。"大家哄然大笑。

一个女士门口写着大大的字："小心有狗！"一个先生来了，哆哆嗦嗦打开门，出来一个拳头大小的小狗，先生睁大眼睛找狗，不见大狗，问道："你的狗呢？"女士说："就这个小狗。"先生哈哈大笑，说："这么点个小狗我怕它？"女士说："不是你怕它，而是怕你踩着它。"

轻轻松松，这样的小幽默可以立马营造轻松的群体氛围。人处于这样的环境中，不仅会心神愉悦，工作效率也会大大提高。

在人生道路上，令人郁闷的事情经常会发生。倘若能够有一颗聪慧、幽默的心，便可以化郁闷为动力，便可以拥有一个快乐的人生。幽默不是成功者的专利，事实上它可以表现为一种自嘲，表现为一种调侃，表现为一种风趣诙谐的生活态度，它不仅仅对我们自身的心情有益，同时也影响了我们身边的人。

有个年轻人，新买的一辆摩托车在一场意外中被撞成了无用的残骸。面对肇事车，很多人以为他会大骂一顿解解恨，不过这个聪明的年轻人却如此说道："唉，我以前总说，要是有一天能有一辆摩托车就好了。现在我真有了一辆摩托车，而且真的只有一天！"周围的人都笑了，连肇事者也忍不住为这个年轻人的胸怀竖起了大拇指，他没等年轻人开口，便主动掏出了全部赔偿费。

　　智慧的人都是懂得幽默的。对于这个年轻人而言，车被撞坏已成事实，即使开口大骂也无法挽回，不如以这样一种幽默方式，既让自己不那么难受，又能轻松地获得赔偿。事实上，幽默并不神秘，每一个普通人都可以做到。我们要擦亮我们的眼睛，认真体会我们的生活，幽默就在我们生活的点点滴滴中。
　　那么，如何才能培养自己的幽默感呢？这里教你一些方法：

　　1. 扩大知识面。
　　2. 陶冶情操，乐观对待现实：要学会雍容大度，克服斤斤计较，同时还要乐观。
　　3. 培养深刻的洞察力。
　　4. 自信是幽默的前提。
　　5. 语言表达能力是幽默的武器：空闲时多看看幽默的故事、机智故事、脑筋急转弯等。
　　6. 要多与人交往，多学习新的知识。

　　当然，幽默主要来自于乐观的生活态度和积极的心理状态，一个有幽默感的人必定是一个心理健康的人，他懂得如何以幽默来保持乐观，来打破僵局，来解除敌

意，化解尴尬。此外，幽默代表着一种高尚的生活态度，优雅的生活观念。学会幽默，它不但可以自我消遣，从而排除生活中的各种郁闷、压抑的情绪，而且还能把这种快乐传染给身边的人，从而建立起一种和谐、健康的生活环境，这都有利于人类健康地生存。所以让我们都尽力去发挥自己的幽默感吧，调节自己的身心，用快乐感染我们身边的人。

打坐，帮你进入禅定状态

> 杯子里的水，如果动荡摇晃，就不能反射出外部的事物。我们的心也是一样，如果老是动荡不安，就不能平静地反映出外部的事物。所以，必须借助禅的功效，使自己安静下来。

我们的意识，时时刻刻都在躁动不安，像猿猴爬树一样，不停地从这棵树上，爬到那棵树上，不能安安静静地呆在一个地方。我们的意念，也像马儿一样，不停地飞驰，所以禅把我们的意识叫"心猿意马"。心神散乱，就是心猿意马。参禅，就是要把心猿意马给拴住，让我们的心静下来，正如唐玄奘上给唐太宗的表文中所说："制情猿之逸躁，系意马之奔驰。"

就像杯子里的水一样，如果动荡摇晃，就不能反射出外部的事物。我们的心也是一样，如果老是动荡不安，就不能平静地反映出外部的事物。所以，必须借助禅的功效，使自己安静下来。

禅是当今非常热门的一种修心方法。什么是禅呢？禅，是印度梵语"禅那"的音译，意译就是"静虑"、"思维修"、"摄念"，也就是冥想的意思，是指通过

禅坐训练，将意念集中在一处，思考人生真理，从而使大脑里的杂质沉淀下来，使思维如水一样清澈、透明。

禅有使心灵安静的功能，就像将一块明矾投到浑水中，使浑浊的水变清一样。《涅槃经》卷九说："摩尼珠投于浊水，水即为清。"《弥陀疏钞》云："明珠投于浊水，浊水不得不清。"这两句话是什么意思呢？过去在没有自来水之前，都是从河里打水来喝。如果是下雨天，河水不太清，这时候怎么办？就在水缸里打明矾。打了明矾之后，过一会儿，水里的杂质就沉了下去，水就变得清亮清亮的，就可以用来饮用了。

禅定，就是让杂质沉下去，让思想变得纯净、明澈。禅定的作用，就像把摩尼宝珠投到浊水中，当我们心神散乱，如同混浊的水一样的时候，通过禅定的力量，就可以使心灵变得清澈。儒家的经典《大学》里也说："知止而后有定，定而后能静，静而后能安，安而后能虑，虑而后能得。"阐述的也是这个道理。

禅定到底有什么效果？

有一个卖豆腐的人，每天都给寺院里供应豆腐。时间一久，就和住持熟了，在寺里到处走动。他看到很多和尚神情专注地在禅堂里打坐，不知道他们到底在干什么。有一天，他终于忍不住了，问住持："师父，你们出家人整天到晚闭着眼睛坐在那里，一动不动，搞什么名堂啊？"

住持慈祥地笑了笑，说："来来来，今天你别急着回去，也在这里坐一会儿吧。"

卖豆腐的就依样画葫芦地坐了一会。过了半个小时，他就兴奋地冲出了禅堂，喊了起来："太妙了，太妙了，想不到打坐原来有这么多的好处啊！"

住持笑着说："你进步得倒挺快的啊。你就说说你的心得吧。"

卖豆腐的说道："平时啊，我的脑子很乱，像一团浆糊似的。现在一打坐，我的脑子就清清亮亮的，非常好使，什么事都能记得起来。我突然想起来一件事：三十年前邻居王小二欠了我两毛伍分钱豆腐钱，到现在一直还没有还呢！"

大家想想看，一个卖豆腐的人静静地坐一会儿，就能有这样的功效，如果你是政界、商界、知识界的精英，试着静静地坐上一会儿，那个受用该有多大！如果每天能静坐上十五分钟，坚持一个月之后，会有立竿见影的效果。当然，这只是一则趣谈，但其中确实有令我们回味的地方：只要我们静下心来，我们的灵性、智慧就会自然而然地显现出来，我们就会得到莫大的受用。

中医药学上，静坐养气也为医理所提倡。《黄帝内经》上说："恬淡虚无，其气从之；精神记忆体，病安从来？"打坐是集中注意力、达到心神合一的一种途径，是一种通过冥想实现的心理暗示疗法。美国哈佛大学的医学院里，医生除了给病人用药外，还经常教他们如何盘腿打坐，以消除精神上的压力和烦恼。在日本，也有许多年轻女性到寺庙盘腿打坐，以消除工作的压力和烦恼。

日本京都大学心理学教授佐滕幸治博士提出坐禅学佛有十种心理方面的效果：

1. 忍耐心的增强
2. 治疗各种过敏性疾患
3. 意志力的坚固
4. 思考力的增进
5. 形成更圆满的人格
6. 迅速地使头脑冷静
7. 情绪的安定
8. 提高行动的兴趣和效率
9. 使肉体上的种种疾病消失
10. 达到开悟的境地

我们在空闲的时候，不妨静静地坐下来一会，聆听自己内心的声音，除了强身健体，这也是一种修心的过程，让我们无论在什么情况下都能保持一颗平常心，在平常中达到快乐。

学会欣赏路边的美景

> 快乐就像一只蝴蝶，在被人追求时总是无法捕捉到。如果你安静下来，它就可能栖息在你身上。

近年以来，随着人们对速度和效率的无限追求，我们的社会已经进入了一个非同寻常的高速运转阶段。"时间就是金钱，效率就是生命"成了公认的观念。

米兰·昆德拉在小说《慢》中写道："慢的乐趣怎么失传了呢？古时候闲荡的人到哪儿去啦？民歌小调中的游手好闲的英雄，这些漫游各地磨坊、在露天过夜的流浪汉，都到哪儿去啦？难道他们随着乡间小道、草原、林间空地和大自然一起消失了吗？"

所有的人都在透支生命，却很少有人能说清楚自己的目的地到底在哪里，究竟什么时候才是尽头。

我们就像一部拧紧了发条的机器，无休无止地高速运行着。

我们生活在一个忙碌的繁华世界，琐碎的生活让我们无暇去欣赏路边的风景，即使驾车行驶在路上，大多

数的时间也都花在了埋怨交通堵塞、考虑怎样才能避开人流高峰这些琐碎的事情上，也没有时间向窗外看看路边的风景。高节奏的生活让我们身心疲惫，但是我们却没有想到给自己的心灵放个假，在路边休憩一下。

人的一生从零开始，结束也是零，不会因为一个人的地位、金钱、权势而多给你一天；也不会因为一个人的贫穷、落后、平凡而少给你一天。命运之神总会很公平地对待每一个人，哪怕你是一个很小的生命。让一个人在这一方面失去了很多，就会让他在另一方面得到很多。也许当我们在羡慕别人的时候，别人正在用一双羡慕的眼睛看着我们。

在人生的历程中，当起点和归宿已经给了我们，为什么不好好珍惜这个过程？在这次旅行的过程中，好好地对待生活中的每一天，不论长或短，都在这个过程中多加入点糖，都别忘了欣赏路边的风景，一株花，一棵草，一抹新绿，一片云朵。大自然的一切总会让我们感动，去体会，去感受天地之间那种思绪的涌动，有爱有情，有心在动。

如何享受过程？牵着蜗牛去散步。由于残酷的竞争，人生为了生存与成功而忙碌，缺少体验美景和清闲的心情。

佛陀给了一个人一只蜗牛，告诉他牵着蜗牛去散步，不要松手，要牵着它。这个人走了一步，蜗牛跟在后边。但爬得太慢，这个人命令蜗牛加油，蜗牛说好的，可蜗牛大汗淋漓也爬不快。这个人实在没有办法，

观察周围的树，发现这些树原来各种各样，叶子也不同，树上还有鸟叫，鸟也不同。这个地方的空气也很新鲜，真是鸟语花香呢？过去怎么不知道呢？他突然醒悟了，佛陀不是让他牵着蜗牛去散步，而是让蜗牛使他慢下来。

当自己匆忙焦虑的时候，设法使自己慢下来，在自己常去的茶馆里写上这句话：牵着蜗牛去散步。

在现实生活中，如何牵着蜗牛去散步呢？在一个小时的上班路上能够享受阳光，欣赏路边的小草和鲜花；在遇到别人的不礼貌行为（但没有什么原则性的问题）时一笑了之；在工作紧张的时候，能够享受工作的乐趣；在回到家里之后，能够忘记所有烦恼，感恩家人，享受生活。

快乐就像一只蝴蝶，在被人追求时总是无法捕捉到。如果你安静下来，它就可能栖息在你身上。

让爱好为你带来快乐

一个人活着，应该有所爱、有所好，这样才能使平淡的生活充满趣味，生动而优美。

人生除了工作和奋斗以外，还有一种非常重要的状态，那就是爱好。爱好填充了我们工作以外的人生，给了我们人生的快乐时光。

如果一个人只知道工作而不懂得如何休闲，那他算不上一个成功的人，充其量只能说是一个工作狂；真正的成功人士，除了奋斗拼搏以外，都有自己的爱好，它可以是一种音乐，可以是一种绘画，可以是一种运动，可以是一种山水，甚至可以是一种大众的消遣方式。

著名诗人陶渊明热爱山水田园风光，这种强烈的爱好使他的辞官归隐显得那么合情合理，或许很多人难以理解，好好的仕途不走，为什么要归隐呢？我想强调的是，陶渊明选择的不仅仅是田园风光，不仅仅是人生爱好，更重要的是人生的一种快乐。短短数载而已，为什么不选择快乐的生活方式呢？

鲁迅先生平生最喜欢的事莫过于收藏书籍。这些书籍不但满足了他阅读的需求，同时也给了他人生的快乐。纵观《鲁迅日记》24年的书账，详细记载了他平生购置并保藏的9600多册书籍和6900多张古文物拓片，共16500件图书。

据说鲁迅总是利用各种机会，想方设法搜寻和购置大量图书。鲁迅对书的渴望如同沙漠行者对绿洲的渴望。有一次，鲁迅的母亲劝鲁迅买几亩水稻田，可以供自家吃白米饭，省得每月向粮店买大米吃。鲁迅听了笑笑说："田地没有用，我不要！"然后又大声说："有钱还是多买点书好！"鲁迅的日本好友增田涉回忆他的爱书之好时，说："如果鲁迅共收入一万个银圆，然而光买书的费用他就可以花去将近百分之二十。但是这百分之二十给他带来的快乐远远超过了那百分之八十的费用吧。"1920年以后，鲁迅先生的经济收入有所下降，这段日子是鲁迅生活苦闷、思想彷徨、健康状况最不好的苦闷阶段。然而，就是这时候，书籍成了他的救命草，也成了他的开心果。他大量买书，大量阅读，在书籍的熏陶下，他的精神才得以慰藉，他才得以开心一笑。

爱好是个体以特定的事物、活动及人为对象，所产生的积极的和带有倾向性、选择性的态度和情绪。爱好是一种无形的动力，当我们对某件事情或某项活动有兴趣时，就会很投入，而且印象深刻。

爱好不只是对事物的表面的关心，任何一种兴趣都是由于获得这方面的知识或参与这种活动而使人体验到

情绪上的满足而产生的。例如，一个人喜欢跳舞，他就会主动地、积极寻找机会去参加，而且在跳舞时感到愉悦、放松和乐趣，表现出积极而自觉自愿。

法国文豪罗曼·罗兰在读高师的时候，他对一切领域如哲学、生物学、逻辑学、音乐、艺术史等都感兴趣，爱好使他如饥似渴，大口大口地吞饮着精神世界中所有的清泉。沉重的学习负担丝毫没有阻碍他成为一位诗人，正如树木不能阻碍自己根部的生长一样，而且他在学习中也感受到了快乐。

人的爱好多种多样，有新奇绝妙的，有平淡无奇的。爱好是推动人前进的原动力。爱好对于人来说，总是带有快乐、欢喜和满意的情感体验。一个人活着，应该有所爱、有所好，才能使平淡的生活充满趣味，生动而优美。

爱好着，才快乐着，有了爱好，你便获得了精神上的慰藉，便拥有了心灵的充实，便获得了生命的意义，便感知了生活的快乐。

爱好不但可以陶冶我们的情操，还可以增长我们的见识。健康的爱好会使人精神有所寄托，生活更加充实，身心更加健康快乐。爱好的本身，就是让自己和别人快乐，拥有相同爱好的人可以走得更近。所以无论工作多么忙，都不能抛弃自己的爱好。同时，爱好也是你人生的一个特色，当然不能因为你敬仰的人爱好什么，你就选择什么。爱好是发自内心的，是可以唤起你对生

命的热爱和激情的。无论你的人生处于哪种状态,是春风得意,还是黯然失意,都要记得你还有一个爱好,生命因它而美好,不是吗?

学会为快乐留出时间

人生下来不是为了工作，而是为了生活，所以无论多么忙碌，也要为自己的生活保留出一段时间。

压力，它可以让我们感到紧张并能够不断奋进。适当的压力是理想的，它可以激励我们不断将压力转化成前进的动力。但是近几年的研究报告却告诉我们，压力过大已经不是少数人承受的现象了，越来越多的人成了过大压力的受害者。

路明从一所名牌大学计算机系毕业后在一家金融软件公司里做软件工程师助理，很快上级便分配给他一个较大的项目，这个项目对他而言是非常重要的：做得好就可以转正并且待遇升级，否则便有卷铺盖走人的下场。

接下这个项目以后，他没日没夜地查资料，读程序，连续好几周都没有放假，晚上即使睡觉也总是睡不踏实，几乎到了废寝忘食的地步。经过一个月的努力，他的工作终于迎来了尾声，而他的健康也亮起了红灯。在工作和心理的重压之下，强壮的年轻人病倒了。

我想，像路明这样的年轻人，面临如此境遇的还为数不少。如果不学会给自己减压，那么肯定也会走上相同的路径。面对压力，首先不要惧怕它，要学会把它看轻，看淡。压力无非是一种心理反映，它就如同纸老虎一般，你越是惧怕它，它反而越是强大；另外，减轻心中的压力，关键就是要把自己的心态调整平衡。在工作中遇到工作量大，难度高等困难的时候，要保持乐观、积极的心态，不能悲观、消极，这样不但不利于工作的进行，反而会由于心理疲惫而减缓工作进程。

因而，我们要适时地理清自己的压力源。理清压力源，可以通过以下两个问题来进行自我探索：

1. 过去一年，哪十件事曾经造成我的压力？（压力事件）

2. 过去一年，哪十个人曾经造成我的压力？（压力人物）

这两个问题可以独自思索，也可以找好友来讨论。

当分别列出十项后（如果找不到十项也无妨），再进一步探索"压力源"，即这些当时困扰自己的问题，起因在哪里？

关于第一个问题 "压力事件"，有的是不可抗拒的遭遇，例如：亲友遭祸或病故，那么可以问自己："如果我已尽力，是否还要再自责？"有的是志向太高，或能力有限，或际遇不佳，那么可以问自己："新的一年里，我如何调整才会更好？" 有的可能是对方不合理的对待，例如：主管交办的事太多，那么可以问自己："什么是合情合理的回应？"

第二个问题是"压力人物"。有的来自工作环境，

有的来自家庭，有的来自团体，不妨问自己："是他们的问题？还是我的问题？我如何减轻双方相处的压力？"还有一位"压力人物"更不可忽略，那就是"自己"。不妨问自己："是身体吃不消所造成的压力？还是心理负担太重所造成的压力？我如何开始进行改变？"

在管理当前面临的压力时，也可以采用列"压力名单"的方法。

有一位朋友感觉自己最近压力很大，看到家人容易发脾气，晚上躺在床上老是翻来覆去睡不着。专家告诉她探寻自己的"压力源"，让她先列出"压力名单"，看究竟是哪些事导致她有压力？

她的"压力名单"上写着：

工作上：

1. 工作时间太长。

2. 办公室新进一位主管，沟通不易。

3. 曾经在会议上提供建议，但是未被采纳。

4. 上下班时，花太多时间在塞车和找停车位上。

生活上：

1. 因为忙碌放弃正常的饮食，营养跟不上。

2. 上班时总想着家里的事，到了家里却忙着赶方案。

原来造成她大部分压力的是"工作环境"。再分析这六项主要压力，其中有三项（工作中的第四项与生活上的两项）主控权在自己。针对这些，她列出了可行性高的几项"减压行动"：

修炼当下的快乐

　　1．提前15分钟出门，避开交通高峰期。在车上听录音磁带，一方面增长知识，一方面减少等候的焦虑。有时改搭出租车或乘公车上班。

　　2．身边带足有营养的小食品。

　　3．一段时间内只扮演一种角色，上班时不要想着买什么菜，回家后就把工作暂时放一旁。

　　接着再分析另外三项，都是和公司政策或企业文化相关，而这些状况不是个人一时所能改变的，如果不是选择"辞职"，则必须选择"适应"来减轻压力。

　　接着，她写下自己针对前三项的"减压行动"。

　　1．简化工作，谢绝不必要的应酬。

　　2．以一个月为一个短程期限，等候新进主管适应新的工作后，再提供建议。

　　3．公司不见得必须采纳员工所有建议。过去平均建议五项，会采纳三项的情形，已是不错的表现了。

　　写到这里，她已经若有所悟地露出笑容了。

　　没有健康的心理，就没有健全的人格，我们每个人追求的首先应该是一种健康的生活方式。要记住世界卫生组织对健康的定义中，心理健康与躯体健康是同等重要的，你应当学会释放自己的压力，做一个真正健康、成功而快乐的人。

　　人生下来不是为了工作，而是为了生活，所以无论多么忙碌，也要为自己的生活保留出一段时间。在这段固定的时间中，你可以放松地倾诉，缓缓地散步，哼一段小曲，听一首歌，让自己在这段闲暇时光中体会生命的美好，这样你的忙碌才更有价值。学会减压，学会为快乐留出时间才会更加懂得如何生活。

|乐在生活，享受人生|

　　很多人心为物役，患得患失，让过多的欲望占据了心灵；于是，错过了多少快乐。其实，生活的真谛不是物质的拥有，而是精神的享受。别给心灵套上太过沉重的功名利禄之类的枷锁，拥有傲人的财富和至高的地位，也不一定活得精彩，健康快乐地生活，才是精彩的人生。

快乐的兰花

我们将那棵快乐的兰花栽种于心田，拥有了兰心蕙质，我们的心境一定会盈满幸福与快乐、宁静与安详。

在现实生活中，现代人时常心为物役，患得患失，让过多的欲望占据心灵。正因如此，本可以很快乐很幸福的我们，在心态浮躁之中，错过了多少快乐和幸福！

唐代著名的慧宗禅师常为弘法讲经而云游各地。有一回，他临行前吩咐弟子看护好寺院的数十盆兰花。弟子们深知禅师酷爱兰花，因此侍弄兰花非常殷勤。但一天深夜狂风大作、暴雨如注，偏偏弟子们由于一时疏忽，当晚将兰花遗忘在户外。第二天清晨，弟子们望着眼前倾倒的花架、破碎的花盆和憔悴不堪的兰花，后悔不迭。

几天后，慧宗禅师返回寺院，众弟子忐忑不安地上前迎候，准备领受责罚。得知原委，慧宗禅师泰然自若，神态依然是那样平静安详。他宽慰弟子们说："当初，我不是为了生气而种兰花的。"就是这么一句平淡无奇的话，在场的弟子们听后，却在肃然起敬之余，更如醍醐灌顶，顿时大彻大悟。

修炼当下的快乐

记得初次读到这句话时，我也是怦然心动，眼前顿觉柳暗花明、豁然开朗。"我不是为了生气而种兰花的。"这看似平淡的偈语里，暗藏了多少佛门玄机，又蕴含了多少人生智慧。常言道：人生在世，不如意事常八九。失意时，不要怨天尤人、一蹶不振，想想事已如此，生气又何益？

大可用兰花的启示来为自己宽心：

我不是为了生气而工作的；

我不是为了生气而交往的；

我又何尝是为了生气而生儿育女的；

我又何尝是为了生气而生活的……

从此，我们将那棵快乐的兰花栽种于心田，拥有了兰心蕙质，我们的心境一定会盈满幸福与快乐、宁静与安详。

快乐是一种感受，自己的快乐是由自己控制的，你可以在自己的生活过程中寻求属于自己的快乐。真正的快乐，是在有限的生命中做出无限有意义的事情；是让自己的心情五彩斑斓，如彩虹般美丽灿烂；让自己的笑容充满温暖；让自己的今天比昨天精彩；让自己追求理想的过程更有意义；让自己在通往梦想的路上体会付出与收获的快乐。这一切，都是你可以带给自己的。

善待自己的心灵

我们要关注我们的心灵，善待我们的心灵，停下匆匆的脚步，聆听生命真实的声音，从而使生命多一份从容与淡定。

当今社会，"郁闷"几乎成了我们每个人的口头禅，我们的物质丰富了，我们的生活水平提高了，可是我们却越来越不快乐，原因就在于，在快速的生活节奏中，我们忘了善待自己的心灵。

从前有个商人，结识了四个朋友。他对第一个朋友言听计从，给他穿最好的，吃最好的，住最好的，用最好的。第二个朋友，气宇轩昂，仪表堂堂，商人对他非常看重，想尽种种办法维持和他的关系，并带着他在人前炫耀，以拥有这样的朋友而洋洋得意。对第三个朋友，商人的态度较为平淡了一些。但因为这个朋友料理事务的能力非常强，商人对他也很满意。唯有对第四个朋友，商人几乎从来没有注意到他的存在。

有一天，商人要到很远的地方去做生意，想要带其中的一位朋友前去，以解除旅途寂寞之苦。问第一个朋友，第一个朋友说，我们只能共欢乐，不能共患难，我没有陪你出远行的义务。商人很是伤心；问第二个朋友，第二个朋友说，我知道你对我很好，但是我也知道普天之下所有的人也都对我很好，所以我也不会陪你前去；伤心的商人问第三个朋友，第三个朋友说，我可以送你走一段路，但送到门外后，我就要返转身来，因为有很多的事情等着我去处理；伤心的商人这时终于想到了第四个朋友。出乎他意料的是，第四个朋友什么话也没说，就陪他一起上路了。

　　在这样一则禅的故事里，那位商人不是别人，就是我们每个人自己。他要去的那个很远很远的地方，不是别处，就是死亡的国度。这则故事的主旨在于说明：当我们有朝一日离开这个世界的时候，我们到底能从这个世界上带走什么东西？

　　第一个朋友，是衣食之友，是我们的肉体。我们很多人一辈子都围着肉体打转，满足自己的感官享受，但到最后，这具肉体并不能随我们而去。所以清代乾隆皇帝说："未生之时谁是我？合眼朦胧我是谁？"——我们的父母没有生我们的时候，"我"在哪里？有朝一日永远闭上了眼睛的时候，"我"又在哪里？

　　第二个朋友，是名利之友，是我们的财富、金钱、地位。我们辛辛苦苦地追逐，惟恐稍不努力，这些东西就会离我们而去。《红楼梦》里有首《好了歌》说："世人都晓神仙好，只有功名忘不了。古今将相在何方？荒冢一堆草没了。""世人都晓神仙好，只有金银

忘不了。终朝只恨聚无多，及到多时眼闭了。"

第三个朋友，是亲属之友，是我们的妻子、同事、伙伴。在我们的生命中，与这些朋友相聚共处，是一种值得珍惜的缘分。但是，当我们离别这个世界时，他们并不能随我们同去。"夫妻本是同林鸟，大限来时各自飞"。即使是最亲爱的夫妻，当大限来时，也还是各自飞了，更何况其他的人。

第四个朋友，是心灵之友，是我们的心灵、感受。我们能从这个世界上带走的，只有这颗干干净净、清清纯纯的心灵。只有它和我们生死不离，但我们偏偏忘了它的存在！

在这个世界上，我们固然要善待我们的身体，善待我们的金钱、名利、财富，善待我们的亲人、同事，但是，我们更要善待我们的心灵！

我们要关注我们的心灵，善待我们的心灵，停下匆匆的脚步，聆听生命真实的声音，从而使生命多一份从容与淡定。然而不幸的是，我们很多人一辈子都在追逐、应对第一、第二、第三个朋友，而偏偏忽略了第四个朋友。而这第四个朋友，恰恰是我们最需要关注的朋友，是我们生命中最宝贵的本心本性。

善待自己的心灵，就请不要因为有消极思想而厌恶自己，思想的出现是为了建设我们，而不是为了战胜我们，不必因为自己曾经痛苦的经历而自责，我们可以从这些经历中学习成长，呵护自己的心灵，抛弃犯错的感觉，抛弃指责、惩罚、和所有的伤痛。

如何善待自己的心灵呢？放松非常有用，它可以帮助我们感受到自己的力量，紧张和害怕只能封闭力量。只要每天花点时间，让身体和心灵放松，不论什么时候，你都可以深呼吸，闭上眼睛，把紧张释放出去。呼气的时候，请轻轻地对自己说："我爱你，一切都会好的"，然后，你会觉得很宁静，你正在给自己制造新的思想，你没有必要紧张和恐惧地生活。

在每天默想时，请静下心来，倾听自己内心的智慧，今天的社会，让默想变得神秘，并很难成功。默想是最古老、最简单的方法，我们要做的是，放松自己，静静地自我暗示"爱"、"宁静"等对我们有益的词汇。我们还可以和自己重复："我爱自己，我原谅自己，我得到了宽恕"，倾听内心的声音。

请记住，当我们在为工作和事业风雨兼程，努力拼搏的时候，千万不要忘记了呵护自己的心灵，关照自己的内心！

鲜花总比垃圾多

如果你的眼里是鲜花，那你的世界将会一片灿烂；如果你的眼中充满垃圾，那你的世界就会是一片腐臭。

生活有时是残酷的，面对困难，我们不要退缩，我们不应该放弃；面对失败，我们不能垂头丧气，我们不能伤心落泪；面对伤痛，我们不会让眼泪白流，我们不能因伤痛而失去勇气；面对所有事情，我们都要乐观向上。乐观向上，是一种精力充沛、心胸豁达的体现；乐观向上，打败了斤斤计较、患得患失的小气；乐观向上，甩开了意志消沉、情绪低落的自我封闭；乐观向上，消除了举棋不定、畏首畏尾的怯懦。一个人的成功，是有着乐观相伴的。同一个世界，在乐观者的眼里满是鲜花，而在悲观者的眼里却充满垃圾。

《秘密》一书曾提出了"吸引力法则"，就是说，人就像一块大磁铁，既可以吸收好的因素，也可以吸收坏的因素。此时就要看你的选择了，如果你希望自己是快乐的，那么你就要想着让事情向好的方向发展，既而你就会遇见快乐的事，你也就会处于快乐的状态中；相反，如果你抱怨一件事，你想到的就只会是这件事的缺点或者坏处，那么即使你遇见了好的事情，坏的印象已经遮住了你的心智和双眼，因此，你看见的也只是坏的方面，事情也会向坏的方向发展，因为你的眼里心里，都是关于事情的坏印象。所以，如果你想事情往好的方向发展，就别往坏处想，不要去抱怨它。

有一次，我应邀参加应届大学生就业动员大会，做"成功是一种心态"的激情演讲。

在会上，一位感觉很牛气的学生问我："现在社会这么腐败，连投档都要请人吃饭，没走出社会就面临失业，我们哪有公平竞争的机会？这种环境下请问你为何还把世界看得这么美好？"

我反问了他一个问题："这个世界鲜花多还是垃圾多？"

没等他回答，我对他说："这个世界鲜花永远比垃圾多。鲜花，人们会永远地保护，垃圾，会不断地被清除。你所说的不好的社会现象就象是那垃圾，人们会不断清除的。重要的是，你的思维集中在何处。如果你的眼里是鲜花，那你的世界将会一片灿烂；如果你的眼中充满垃圾，那你的世界就会是一片腐臭。"

心态决定命运。记得有人曾这样说过：播下一种心态，收获一种思想；播下一种思想，收获一种行为；播下一种行为，收获一种习惯；播下一种习惯，收获一种性格；播下一种性格，收获一种命运。心态积极健康的人随时可见"青草池边处处花"、"百鸟枝头唱春

山"；悲观的人却常常感到"黄梅时节家家雨"、"风过芭蕉雨滴残"。一个心态乐观的人，即便在茫茫的黑夜中也能读出星光灿烂，增强自己对生活的自信，提炼生命本身赋予人类的礼物；一个心态消极的人，就算身处明媚灿烂的阳光之中，也只能囿于哀叹身后那条狭窄的黑影，让不起眼的黑暗埋葬自己的身心，并且越葬越深。

曾经看过这样一个故事：

在美国，有一个名叫雷·克洛的人。他出生的那年，恰逢西部淘金热结束，一个本来可以发大财的时代与他擦肩而过。按理说，读完中学就该上大学，可是1931年的美国经济大萧条使雷·克洛囊中羞涩而和大学无缘。后来他想在房地产上有所作为，好不容易才打开局面，不料第二次世界大战烽烟四起，房价急转直下，结果"竹篮打水一场空"。为了谋生，他四处求职，曾做过急救车司机、钢琴演奏员和搅拌器推销员。就这样，几十年来低谷、逆境和不幸伴随着雷·克洛，命运一直在捉弄他。

雷·克洛虽然屡遭挫折，但他热情不减，执著追求。1955年，在外面闯荡了半辈子的他回到老家，卖掉家里少得可怜的一份产业做生意。这时，雷·克洛发现迪克·麦当劳和迈克·麦当劳开办的汽车餐厅生意十分红火。经过一段时间的观察，他确认这种行业很有发展前途。当时雷·克洛已经52岁了，对于多数人来说这正是准备退休的年龄，可这位门外汉却决心从头做起，到这家餐厅打工，学做汉堡包。麦氏兄弟的餐厅转让时他毫不犹豫地借债270万美元将其买下。经过几十年的苦心经营，麦当劳现在已经成为全球最大的以汉堡包为主食的速食公司，在国内外拥有1万多家连锁店。据统计，全世界每天光顾麦当劳的人至少有1800万，年收入高达4.3亿美元，雷•克洛因此也被誉为"汉堡包大王"。

有志不在早晚，雷•克洛的奋斗历程给人以深刻的启迪。生活处处有磨难，关键在于人的心理是否承受得起。无论身处何种境地，只要有眼光，有勇气，有热情，起步永远不晚。宽广的路总是为那些自强不息、审时度势的人而准备，成功就在脚下。

正因为雷•克洛拥有积极的心态，才使得命运瑰丽多彩。的确，心态是真正的主人，你的心态决定了你是坐骑，还是骑师。积极的心态使你充满力量，去获得财富、成功、幸福和健康，攀登到人生的顶峰；而消极的心态却把一切对你的生活有意义的东西剥夺得一干二净，在人生的整个航程中使你处于"晕船"的状态，对将来始终感到失望。

事实上，人和人之间的差别只不过是那么一点点，然而这细微的差别却有着极大的不同。小小的差别体现在思维方式上，极大的不同之处在于所采取的思维方式究竟是积极的还是消极的。在失败者中，十之八九其实是自己放弃了成功的希望，而并不是被打败的。他们的人生被过去的种种失败和疑虑所引导和支配，得到的却是比预期更糟糕的东西。可成功者恰恰相反，他们

乐观、向上，并积极思考。在雷·克洛看来，生活处处有磨难，关键在于自己的心理是否承受得起。失败是暂时走了弯路，而并非走进了死胡同。正因为这样看待失败，所以他才能够战胜自我，超越自我，走向人生的辉煌，成为大器晚成的"汉堡大王"。

在人生的路上积极的心态会给你的人生添上更多的色彩，良好的心态是成功的关键，让积极的心态为成功的你带来幸福和快乐吧！

养成积极思考的心态

> 人若没有自信，做任何事情都不会成功。自信犹如助燃器，不断地给你的人生增添燃料，它才能不停地高飞。

俗话说：自信的人最美丽。这句话不无道理，自信是对自己的正面肯定，相信自己才能把自己展示得更好。在生活中，我们要对自己充满信心，养成积极思考的习惯。

人若没有自信，做任何事情都不会成功。自信犹如助燃器，不断地给你的人生增添燃料，它才能不停地高飞。

沈阳市五爱市场百艺商行总经理申宝莲女士就是用她的梦想和积极的态度，为她的人生谱写了美丽的篇章。如今她在五爱市场大概有十几个年头了，想当年她也是从一个小小的摊位干起来的。万事开头难，即使在困难重重的事业初期，她依然满怀希望，相信一天比一天美好。事实也的确如此，从最开始的领结行业到后来的布衣行业，申宝莲每一步都走得不容易，但是每一步

都走得比上一步更加坚实与美好。近年来，她连续荣获沈阳市"个协先进工作者"、辽宁省"光彩之星"的称号，这一切都是她用汗水换来的。当记者采访她的成功秘诀时，这位商海的巾帼英雄谦虚地说道："做生意哪有什么秘籍可依，对我而言，我是五爱市场的女儿，我对它有信心，对于它明天的发展也有信心。既然选择了它，就要勇敢地走下去，自始至终我都相信，我的生意会不断地变大变强，虽然中间也有坎坷曲折，但是明天总会更好。"

这就是一位成功女士的胸怀，我们不得不对这种信心和气魄表示敬重和佩服。

天生我材必有用。我们每一个人都有自己的优点，这一点毋庸置疑，每个人的身上都潜藏着一种巨大的能量，或许一般不易被人察觉，但是你自己得了解自己的这种能量，在这种巨大能量的发挥下，你可以克服掉你的自卑或者怯懦，从而完成你良材的角色。

保持一颗积极乐观、充满热情的心有时候能扭转乾坤，让生命出现转折的奇迹。一个人如果有高度的热情，积极的心态，必胜的信念，那么还有什么他办不到的呢？世界只会为那些积极的、乐观的人开绿灯。

这里需要注意的是，自信和自负、自傲不是一个概念。自信的前提是了解自己，不能做不切实际的自信。如果一只鸡信誓旦旦地说，我相信自己肯定能和老鹰飞得一样高，这种言论大概只能遭到同类的嘲笑。自信是建立在实力基础上的，不切实际的吹捧反而会使自己迷失方向。

那么，如何养成积极思考的习惯呢？首先就是做自己把握较大的事情。把握较大的事情，做起来容易成功，而一连串的成功，贯穿起来就构成一个成功者的形象。它会强烈地向你暗示，你原来是具有决策力和行动力的，你能够导演成功的人生。

其次，不要沉溺于对失败经历的回忆中，要将失败的意象从你脑海里赶出去，因为那是一个不友好的来访者。失败不是人生主要的一面，只是偶尔存在的消极面，是人心智不集中时开的小差。人们应该多多关注自己的成功，仔细回忆成功过程的每一个环节，看看当初自己是怎样导演成功的。

不要再说自己的坏处和丑事！

你不喜欢别人把你看得很差劲，是吗？但是，一句自我批评的话，其毁灭的力量十倍于一句别人批评的话。经常说自己不好的女人，最后会相信她们自己说的话，一旦她们相信自己的话后，就会表现得自暴自弃。

如果人们给自己一些肯定的想法和评估，他们会相信这些想法。给自己一些恭维，这是增长自尊的方法。

不要养成妄自菲薄的习惯，要习惯于说自己好话，你会发现你较喜欢你自己。

我们要经常对自己做肯定的心理暗示。要做肯定的心理暗示，方法很简单——用积极的语言进行自我暗示训练。语言是我们把愿望具体化的第一件工具，在绝大多数宗教里，人们都用语言来表达愿望。在这一点上，心理学研究成果和宗教不谋而合，重复的表达能使人获

得一种心灵的力量，不断重复一种愿望，就会产生实现它的力量。

　　要想用语言进行积极的自我暗示，首先我们必须知道要对自己说什么。我们可以自问："我想实现什么？我想改变什么……"根据这些问题，写出自我暗示的鼓励语，如："我是一个坚定的人，没有什么能动摇我的决心。""失败永远是暂时的。""我只要专心致志，就能做好每一件事。"鼓励语编好后，我们每天至少要专心致志地念诵两次。你可以大声地喊出来，也可以在心里默念。这样的自我暗示训练进行得越多，你对自己的改变就越大，因为语言是思想、意志的表现，积极的语言暗示能在潜意识中形成一种强大的力量。有了这股力量，散漫会变成专注，悲观会为乐观、自信所取代。

善于发现生活中的美

再丑陋的事情也有美丽的方面，关键在于我们是否去发现。

　　生活当中不缺少美，缺少的是发现。

　　如何能更容易地获得快乐？提醒自己养成一种习惯，善于发现生活中的美。

　　比如，今天下雨了，道路拥挤，司机都着急，有的人急得直骂。感恩吧，现在最缺少的资源就是水，下雨空气湿润有益健康；今天刮沙尘暴了，满嘴的沙子，烦透了。感恩吧，正因为有沙尘暴，才知道美好天气的可贵，我们才会注意到去保护环境；天冷了，感恩吧，因为体验了冷，才知道温暖的美丽，何况又体验了冬天那银装素裹的美；天热了，感恩吧，因为经历了酷热，才知道凉爽的美丽。因为经历而超越。再丑陋的事情也有美丽的方面，关键在于我们是否去发现。

　　要接受自己、接受别人，接受现实。一些人抱怨自己的孩子不聪明，觉得这孩子怎么这么笨呢？除了有一个好体格，啥都不会。孩子有一个好体格不错了，有的孩子还是残疾人呢。如果你身上有一个小毛病，别人身

上也许有一个大毛病呢。

要学会欣赏每个瞬间，要热爱生命，相信未来一定会更美好。这种的心态并不是单纯意义上的阿Q精神，这是有着科学的道理的。畅销书《秘密》曾提出"吸引力法则"，你对生活抱有热爱的态度，你就会吸引生活中美好的事物，反之，如果你总是抱怨生活，那么你吸引来的或许只有倒霉的事情了。在身处逆境时，更要保持一种积极的心态，善于发现对自己有利的一面。

1927年，美国阿肯色州的密西西比河大堤被洪水冲垮，一个9岁黑人小男孩的家被冲毁，在洪水即将吞噬他的一刹那，母亲用力把他拉上了堤坡。这个小男孩经过自己的努力，终于在1943年，实现了自己的梦想，创办了一份成功的杂志。但是后来，在一段反常的日子里，男孩经营的一切仿佛都坠入谷底，但是男孩并没有放弃，他相信黑暗会过去，相信夜尽就是黎明，终于，他渡过了难关，攀上了事业的新巅峰。而这个男孩，就是驰名世界的美国《黑人文摘》杂志的创始人、约翰森出版公司总裁、拥有三家无线电台的约翰·H·约翰森。

约翰森的经历向我们昭示：生活并不总是万事如意，善待生活，人生才会一帆风顺。

生活就像是一面镜子，你对他笑，他也对你笑，你对他哭，他也对你哭。而善待生活的人，就是对镜子笑的人。斯勒佛说过："希望就是生活，生活就是希望"。所以，善待生活的人，就是充满希望的人。

回顾一下我们的周围，你会发现，面临着同样的环境，总有一些人在那里或喋喋不休怨天尤人，或垂头丧气、冷眼观望；也有另外一批人，坦然面对现实，积极努力。既然现实总存在着缺憾，坦然面对它吧，其实缺憾也是一种美，它能磨练人的毅力，培养人坦然的作风和踏实的心态。积极地面对现实，当遇到不顺，就当是上天对你的磨练和考验，过去了这道关口，你就成功地开始了自己人格魅力建设的第一步。

善于发现生活中的美，是一种境界，是一种能力；善于发现美，就是要做生活的有心人，美随处可见：大山的雄伟是美、河流的温柔是美、都市的喧嚣是美、乡村的宁静是美；麦苗青青是美、稻谷金黄是美、农夫负重是美、孩童天真是美；大海的澎湃是雄浑的美，小溪的潺潺是恬淡的美。重要的是我们要能发现它，感悟它。

人也是如此。在大千世界中，我们每个人都是不同的，都是独一无二的，每一个人都是一道独立的风景，每个人身上都有自己的优点和缺点，我们要善于发现别人的闪光点，并加以适当地赞美。

自己的一个善意的称赞，能够给人以温暖的阳光；自己一个不经意的赞许，能够给人以难忘的印象；自己一个真诚的赞赏，能够像一缕春风那样吹暖人心；自己一个优雅的赞美，能够给别人带来信任和希望。在生活中，请不要吝啬于把自己的赞美送给生活，送给身边的人，你在赞美世界，赞美生活，赞美他人的时候，收获的就是快乐。

看淡生活的不平事

宠辱不惊，看庭前花开花落；去留无意，望天空云卷云舒。从这幅对联中，我们可以深刻地体会到一位智者的人生态度。

生活中常有不公平的事情出现，努力了，付出了反而没有得到回报的事情不仅只出现在你的身上。由于地球是圆的，总有一些人站在圆的切线点上比你早几分钟看到太阳。人生的事情，很难做到绝对公平，有些人生下来或许就含着"金钥匙"，而有些人或许生下来身体就不完整，这些都是我们先天无法掌握的，只能接受。面对着这些所谓的不平，平庸之辈只会埋怨，而不以实际行动去改善，结果差距越来越大；智者则会坦然地接受它们，积极地用后天的努力去改变这种不平，因而赢得了自己的人生，也赢得了更多的敬佩。

当今世界文化史上有著名的三大怪人：文学家弥尔顿是瞎子，大音乐家贝多芬是聋子，天才的小提琴演奏家帕格尼尼是哑巴。如果用"上帝咬苹果"的理论来推理，他们都是由于上帝特别喜爱，狠狠地咬了一大口的缘故。

帕格尼尼4岁时出麻疹，险些丧命；7岁时患肺炎，又几近夭折；46岁时牙齿全部掉光；47岁时视力急剧下降，几乎失明；50岁时又成了哑巴。上帝这一口咬得太重了，可是也造就了一个天才的小提琴家。帕格尼尼3岁学琴，即显天分；8岁时已小有名气；12岁时举办首次音乐会，即大获成功。之后，他的琴声几乎遍及世界，拥有无数的崇拜者，他在与病痛的搏斗中，用独特的指法弓法和充满魔力的旋律征服了整个世界。

著名音乐评论家勃拉兹称帕格尼尼是"操琴弓的魔术师"，歌德评价他"在琴弦上展现了火一样的灵魂"。有人说，上帝像精明的生意人，给你一分天才，就搭配几倍于天才的苦难。

这些天才所遇到的苦难是多么重，他们承受了多么大的不平事，可是他们并没有消沉，而是凭着自己的意志，做出了杰出的成就。相比较这些天才，我们普通人遇到的不平充其量只是一些小事。别人的家境比你富裕了，别人家有权力安排子女的工作了，你在工作中受到委屈了……诸如此类。看淡这些不平事吧，只要你有健康的身体，你有健全的心智，通过自己的坚持和努力，总有一天你会成功。

电影《当幸福来敲门》感动了很多人，故事的主人公在遭遇到生活的诸多不平后，仍然向往着幸福，凭着自己的勤奋和努力，终于获得了成功。

克里斯·加纳（威尔·史密斯饰演）是一个聪明的推销员，他勤奋努力，却总没办法让家里过上好日子。妻子琳达终究因为不能忍受养家糊口的压力，离开了克里斯，只留下他和5岁的儿子克里斯托夫相依为命。事业失败穷途潦倒，还成为了单亲爸爸，克里斯的银行帐户里甚至只剩下了21块钱，因为没钱付房租，他和儿子不得不被撵出了公寓。

克里斯好不容易得到了在一家声名显赫的股票投资公司实习的机会，然而实习期间没有薪水，90%的人都没有最终成功。但克里斯明白，这是他最后的机会，是通往幸福生活的唯一路途。没有收入、无处容身，克里斯唯一拥有的，就是懂事的儿子无条件的的信任和爱。

他们夜晚无家可归，就睡在收容所、地铁站、公共浴室等一切可以暂且栖身的空地；白天没钱吃饭，就排队领救济，吃着勉强果腹的食物。生活的穷困让人沮丧无比，但为了儿子的未来，为了自己的信仰，克里斯咬紧牙关，始终坚信：只要今天够努力，幸福明天就会来临！皇天不负苦心人，克里斯最终成为一名成功的投资专家。

后天的环境我们可以通过自己的努力改变，但是当我们改变不了事情时，就要学着去接受它，对它淡然处之。

宠辱不惊，闲看庭前花开花落；去留无意，漫随天外云卷云舒。从这幅对联中，我们可以深刻地体会到一位智者的人生态度。

修炼当下的快乐

　　生命和生活有时候并不如我们想象中美好，它们给我们每一个人的待遇都有所偏心，有的人确实生于荣华，处于风顺，有的人或许就没有那么多天生的优势。不过要始终相信上天在为你关上一扇门的同时，肯定为你打开了另一扇窗。看淡这些不平，才能潜心去做正经的事情。我们的心和胸怀就那么大，如果装满了埋怨和愤愤不平，又怎么能有心思去探索自己的梦想呢？

　　生活的真谛是淡然。面对人生的不公，不可强求，安心做好自己的事情就够了。生活就是如此，它给了你什么你是无法改变的，不如坦然地接受，利用它赋予你的东西去实现自己的人生价值。看淡生活的不平事，便是懂得如何生活。懂得生活的人，不仅仅是成功的人，也是智慧的人。没有什么可以完全按着你的意愿去发展变化的，有时候付出了，努力了反而没有回报并不代表你白白付出了，相信付出肯定会有其他形式，在其他方面的补偿。付出和回报有时候展现出的不平衡，只是暂时现象，需要从长远的角度来看。然而有的人偏偏不懂这一点，他们不把精力放在奋斗上，放在探索人生上，反而苦苦抱怨上天为何不公，这种态度换来的也不过是劳累和心累罢了。看淡不平，你才能生活得更快乐。

快乐成就精彩人生

生活的真谛不是物质的享受，而是精神上的享受，愉悦、潇洒、乐观的你才能自由自在地生活。记住，活得精彩不是你已拥有了无数的财富，也不是你拥有了至高的地位，而是你能活出好心情并能把这种快乐传播给周围的人。

2009年8月，台风"莫拉克"来袭，台湾6500人受困，600人遭泥石流活埋，内地沿海诸省累计1103万人受灾，同时，日本发生里氏6.6级地震，有多人死伤。

面对这些自然灾害，很多时候我们无能为力，也难以避免其伤害。

这些受害者，某种程度上是为你我而牺牲。因为每一次这样的悲剧，就可以让我们突然惊醒，警觉到生命的脆弱和可贵。回报他们的方法，也许只有一个：好好活着。人生充满悲剧，他们充当了不幸的角色。我们至少不要辜负他们，要珍惜这个活下来的名额。

那到底怎样才算好好活？

是庄敬自强，对工作和生活全情投入，力争100分的优秀？为所谓光鲜，拼命挤往大城市，为房子首付和车贷，为拿足绩效奖金日日熬夜加班？还是只要80分的良好，过自己快乐的生活，让人生按照自己感觉最好的状态走，过自己真正想要的生活？

　　有一位女子，从小就聪明可人，长大以后更是亭亭玉立、落落大方。

　　读高中的时候，她学习成绩尚好。高考时，老师向她推荐了几所比较有挑战性的学校，没想到都被她拒绝了。结果她报考了一所师范院校。在大学里，她学习成绩优异、工作能力强、待人接物大方得体，各方面都是出类拔萃的，身边自然少不了狂热的追求者，但是都被她婉拒了。

　　毕业求职的时候，她并没有像其他同学那样，千方百计地去留校，或想方设法争取谋得一个好职位，而是去了当地一所普通的初中，做起了教师。工作中，她认真负责、平易近人，深得学生的爱戴，不久就被评为"模范教师"。

　　到了结婚的年龄，有很多男士想与她结秦晋之好，有的一表人才，有的腰缠万贯，还有的事业有成。她没有单纯的凭借外貌或者钱财作为选择标准，而是向一个外表平凡、没有太高的社会地位和家庭背景的男士抛出了绣球。这个小伙子踏实肯干，为人诚恳，好学上进。经过一年的恋爱，他们最后结婚了。婚后两人生活甜蜜美满，丈夫工作业绩突出，很快便得到了升迁。她自己很快也做了母亲，一家人尽享天伦之乐。

　　很多人知道了她的经历后，都不解地问她为什么一

次次放弃了"更优越、更有价值"的东西。

她微笑着说："其实很简单，优秀者毕竟是少数，所有的都是优秀是不可能的。若是如此，人就应该要后退一步，各方面都选择接近优秀的良好状态。这样就没有过高的压力，能够轻松自如地生活，能够微笑着面对人生。如果一个人各方面都是良好的，那么他的人生也可以被认为是完美的！"

也许你会说：我就喜欢充实拼搏的生活，我喜欢过物质丰富的生活，只有这样，我才能享受到不一般的生活。这样也可以，只要你觉得快乐。每一个人都有适合自己的鞋子，如果非得去套别人的鞋子，那样非但不舒服，反而会挤坏我们的脚。穿自己的鞋，走自己的路，让别人说去吧。

对于人生而言，每一个年龄段都有每一个年龄段的精彩，10岁的单纯，20岁的活力，30岁的奋斗，40岁的稳重，50岁的知天命，60岁的人生感悟……我们没必要站在20岁去羡慕他人的40岁，更没有必要站在40岁去感叹青春已逝。何必去羡慕别人呢，站在当前，就要活出当前的精彩，那样生命才没有遗憾。

生命是短暂的，我们不能在自怨自艾中任其流逝。既然我们没有能力阻止生命的终结，那么我们更应该珍惜在世的每一天，让自己活得潇洒而有价值。不要被一些物质利益所俘虏，做自己想做的工作，说自己想表达的话，体会自己想体会的人生。快乐是最重要的，一个快乐的人才能拥有一个精彩的人生。浮名利禄都是过眼烟云，不要为了一些虚无缥缈的东西而强迫自己去做自己不喜欢的事情。或许有些人为了追逐一些名利，喝了违心的酒，说了违心的话，即使他最终被提拔到了那个窥视已久的位置，那么他依然是活在别人的控制下。

　　生活的真谛不是物质的享受，而是精神上的享受。愉悦、潇洒、乐观的你才能自由自在的生活。记住，活得精彩不是你已拥有了无数的财富，也不是你拥有了至高的地位，而是你能活出好心情并能把这种快乐传播给周围的人。快乐可以成就精彩人生！

【健康成功学的领跑者】